高等职业教育服装专业信息化教学新形态系列教材

丛书顾问：倪阳生 张庆辉

服装材料与应用

主 编 薛飞燕 乔 燕

副主编 王宏军 高世会 张 娟

参 编 刘 洋

北京理工大学出版社

BEIJING INSTITUTE OF TECHNOLOGY PRES

内 容 提 要

本书系统地阐述了服装的原料、结构、织物品种、织物风格、服用性能、应用等内容；以服装材料相关理论知识作基础，同时融合大量实例图片，力求做到理论与实际相结合。本书可读性强，语言简洁，条理清楚，可以让读者在短时间内快速了解服装材料知识，提高对服装材料的认识和应用能力。

本书可以作为高职高专院校、成人高等院校、中等职业院校服装专业学生学习用书，也可作为服装行业从业人员及自学者的参考用书。

图书在版编目（CIP）数据

服装材料与应用 / 薛飞燕，乔燕主编.—北京：北京理工大学出版社，2020.1（2024.8重印）
ISBN 978-7-5682-7960-4

Ⅰ.①服…　Ⅱ.①薛…②乔…　Ⅲ.①服装－材料－高等学校－教材　Ⅳ.①TS941.15

中国版本图书馆CIP数据核字（2019）第253280号

责任编辑：江　立　　　　　　**文案编辑**：江　立
责任校对：刘亚男　　　　　　**责任印制**：边心超

出版发行 / 北京理工大学出版社有限责任公司

社　　址 / 北京市丰台区四合庄路6号

邮　　编 / 100070

电　　话 / （010）68914026（教材售后服务热线）

　　　　　　（010）68944437（课件资源服务热线）

网　　址 / http://www.bitpress.com.cn

版印次 / 2024年8月第1版第4次印刷

印　　刷 / 河北鑫彩博图印刷有限公司

开　　本 / 889 mm×1194 mm　1/16

印　　张 / 8

字　　数 / 223千字

定　　价 / 55.00元

编审委员会

总序

PREFACE

服装行业作为我国传统支柱产业之一，在国民经济中占有非常重要的地位。近年来，随着国民收入的不断增加，服装消费已经从单一的遮体避寒的温饱型物质消费转向以时尚、文化、品牌、形象等需求为主导的精神消费。与此同时，人们的服装品牌意识逐渐增强，服装销售渠道由线下到线上再到全渠道的竞争日益加剧。未来的服装设计、生产也将走向智能化、数字化。在服装购买方式方面，"虚拟衣柜""虚拟试衣间"和"梦境全息展示柜"等3D服装体验技术的出现，更是预示着以"DIY体验"为主导的服装销售潮流即将来临。

要想在未来的服装行业中谋求更好的发展，不管是服装设计还是服装生产领域都需要大量的专业技术型人才。促进我国服装设计职业教育的产教融合，为维持服装行业的可持续发展提供充足的技术型人才资源，是教育工作者们义不容辞的责任。为此，我们根据《国家职业教育改革实施方案》中提出的"促进产教融合 校企'双元'育人"等文件精神，联合服装领域的相关专家、学者及优秀的一线教师，策划出版了这套高等职业教育服装专业信息化教学新形态系列教材。本套教材主要凸显三大特色：

一是教材编写方面。由学校和企业相关人员共同参与编写，严格遵循理论以"必需、够用为度"的原则，构建以任务为驱动、以案例为主线、以理论为辅助的教材编写模式。通过任务实施或案例应用来提炼知识点，让基础理论知识穿插到实际案例当中，克服传统教学纯理论灌输方式的弊端，强化技术应用及职业素质培养，激发学生的学习积极性。

二是教材形态方面。除传统的纸质教学内容外，还匹配了案例导入、知识点讲解、操作技法演示、拓展阅读等丰富的二维码资源，用手机扫码即可观看，实现随时随地、线上线下互动学习，极大满足信息化时代学生利用零碎时间学习、分享、互动的需求。

三是教材资源匹配方面。为更好地满足课程教学需要，本套教材匹配了"智荟课程"教学资源平台，提供教学大纲、电子教案、课程设计、教学案例、微课等丰富的课程教学资源，还可借助平台组织课堂讨论、课堂测试等，有助于教师实现对教学过程的全方位把控。

本套教材力争在职业教育教材内容的选取与组织、教学方式的变革与创新、教学资源的整合与发展方面，做出有意义的探索和实践。希望本套教材的出版，能为当今服装设计职业教育的发展提供借鉴和思路。我们坚信，在国家各项方针政策的引领下，在各界同人的共同努力下，我国服装设计教育必将迎来一个全新的蓬勃发展时期！

高等职业教育服装专业信息化教学新形态系列教材编委会

前 言

服装材料作为服装设计与制作的三大元素之一，对服装最终的成型效果具有非常重要的作用。随着现代科学技术的不断发展，服装材料的风格、外观、手感、构成、功能、应用也在不断变化，所以，了解并掌握服装材料的基础知识对于服装行业的从业人员来说非常重要。

本书系统地讲解了服装的标准材质、纱线、织物品种与风格特征等相关理论知识，同时对服装材料的鉴别与使用也作了说明。

本书编写过程中，在保证学科内容完整性的基础上，对书中内容的深浅程度进行了把控。力求达到培养出既有扎实的理论知识，又有较强的实践能力的复合型人才的教育目标。本书内容新颖，知识涵盖面广，深浅适度，可读性强。

本书由辽宁轻工职业学院薛飞燕完成第一、二、三、五、七章的编写，辽宁轻工职业学院乔燕完成第六章、第八章的编写，辽宁轻工职业学院王宏军完成第四章的编写，辽宁轻工职业学院高世会、张娟负责视频制作，辽宁轻工职业学院刘洋提供了部分照片。

本书在编写过程中还参考了国内外大量的相关文献与资料，在此向这些文献与资料的作者表示衷心的感谢。由于编者水平有限，书中疏漏在所难免，恳请有关专家、学者及读者给予指正。

编 者

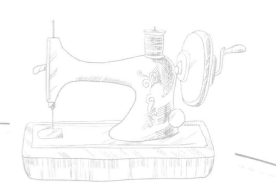

目录

CONTENTS

第一章 ✂

服装材料概述

知识目标

掌握服装材料的概念；
了解服装材料的构成与分类。

能力目标

掌握服用纤维的形态及基本性能，并能根据实际情况，合理使用服用纤维。

第一节　服装材料起源

服装材料是指构成服装所用的材料，包括面料和辅料。在服装的材料中，除了面料外均为辅料。

兽毛皮和树叶是人类最早采用的服装材料。大约在公元前 5 000 年古埃及开始使用麻织布，公元前 3 000 年印度开始使用棉花，公元前 2 600 年中国开始使用蚕丝制衣。

英国于 19 世纪末 20 世纪初生产出粘胶人造丝，1925 年又成功地生产了粘胶短纤维。美国于 1938 年宣布了尼龙纤维的诞生，1950 年开始生产聚丙烯腈纤维（腈纶），1953 年开始使用聚酯纤维（涤纶），1956 年又获得了弹力纤维的专利权。到 20 世纪 60 年代初，化学纤维已作为服装材料而被广泛地应用。

随着纺织工业发展和化学纤维的应用，人们认识到各种纤维的不足。在利用天然纤维与化学纤维混纺互补的同时，在 20 世纪 60 年代提出了"天然纤维合成化，合成纤维天然化"的口号，也可以说，从 20 世纪 60 年代起，世界各国对化学纤维（特别是合成纤维）的研究和改进，已经取得了丰硕的成果，主要表现在下述几个方面。

（1）通过改变纤维断面形状生产出异形纤维（三角、多角、扁平、中空）等，对改善织物光泽、手感，以及保暖与抗起球性能等有良好的效果。

（2）差别化纤维广泛应用于服装面料的生产。"差别"是针对传统的合成纤维而言的，它们是易染纤维、超细纤维（单纤维线密度小于 0.44 dtex）、高收缩纤维（用于膨体纱）、三维立体卷曲纤维、有色纤维及模拟纤维（仿丝、仿毛、仿麻）等。

（3）利用共聚或复合的方法，即将两种或两种以上的纤维原料聚合物进行聚合，或通过一个喷丝孔纺成一根纤维，生产出性能更加优越的纤维。腈氯纶，以及聚酰胺和聚酯制成的复合纤维都具有两种纤维的特色及更好的综合性能。

（4）利用接枝、共聚或在纤维聚合时增加添加剂的方法使纤维具有特殊的功能，例如，阻燃纤维、抗静电纤维、抗菌纤维、防蚊虫纤维等。

（5）20 世纪 80 年代以后又有不少高性能的新纤维出现，例如，碳纤维、陶瓷纤维、甲壳质纤维、水溶性纤维及可降解纤维等。

（6）天然纤维也有了重大的改进，生产出了彩色棉、环保棉，无鳞羊毛，抗皱免烫丝绸等。

（7）智能调温、形状记忆、智能变色、电子信息等智能纺织材料开始步入服装材料领域。

与此同时，服装辅料无论是在品种、规格还是档次上，也都有了相应的发展，特别是 20 世纪 80 年代以后，我国研制和引进了生产衬布、纽扣、拉链、缝纫线、花边、商标的新设备，并采用了新材料、新工艺，设立了专门的生产工厂，服装辅料生产逐步形成了工业体系。

第二节　服装材料的服用性能与服用纤维

一、服装材料的服用性能

彰显服装功能的主要因素是服装材料的服用性能，所谓服装材料的服用性能是指服装在穿着和使用过程中，服装材料所表现出来的一系列性能。下面进行具体介绍。

（1）坚牢性。包括服装材料的断裂强度（服装材料的拉伸断裂强度、撕裂强度和顶裂强度等）和耐磨性能等。

（2）外观保持性。包括抗起毛起球性、尺寸稳定性、抗勾丝性、抗皱性等。

（3）舒适性。包括热湿舒适性、接触舒适性以及视觉舒适性。

（5）其他性能。包括染色性、卫生性、可缝纫性以及安全性。

二、服用纤维

（一）服用纤维的分类

服装材料的历史也是人类使用、开发纤维的历史。用于服装材料的纤维主要分为天然纤维和化学纤维两类。天然纤维来自自然界，包括天然纤维素纤维、天然蛋白质纤维和矿物纤维；化学纤维是以天然或人工合成的高聚物为原料，通过特殊的加工工艺制造出来的纤维，包括再生纤维和合成纤维两大类。

1．天然纤维

天然纤维根据其来源可以分为植物纤维、动物纤维及矿物纤维三大类。

（1）植物纤维。植物纤维是从植物的种子、果实、秆茎等处得到的纤维。植物纤维的主要化学成分是纤维素，故也称纤维素纤维。

①种子纤维：棉、木棉等。

②叶纤维：剑麻、蕉麻、菠萝麻等。

③果实纤维：椰子纤维。

④茎纤维：韧皮纤维，如苎麻、亚麻、黄麻、槿麻、大麻、罗布麻等。

（2）动物纤维。动物纤维是从动物的毛或昆虫的腺分泌物中得到的纤维。动物纤维的主要成分是蛋白质，故也称蛋白质纤维。

①动物毛发：如羊毛、兔毛、骆驼毛、山羊绒等。

②昆虫腺分泌物：如桑蚕丝、柞蚕丝、蓖麻蚕丝、木薯蚕丝等。

（3）矿物纤维。矿物纤维是从纤维状结构的矿物岩石中获得的纤维。矿物纤维的主要来源为各类石棉，如温石棉、青石棉等。

2．化学纤维

化学纤维是经过化学处理加工而成的纤维，可分为人造纤维和合成纤维两大类。

（1）人造纤维。人造纤维是利用天然的纤维作原料，进行化学处理后调配成恰当的纺织溶液，之后再重新塑形为纤维。人造纤维具体分为以下三类。

①人造纤维素纤维：如粘胶纤维（人棉）、天丝纤维、莫代尔纤维、醋酸纤维、铜氨纤维等。

②人造蛋白质纤维：如大豆纤维、牛奶纤维等。

③人造无机纤维：如玻璃纤维、金属纤维等。

（2）合成纤维。合成纤维是由合成的高分子化合物制成的。合成纤维具体分为以下几类。

①聚酯纤维：俗称"涤纶"。

②聚酰胺纤维：俗称"锦纶"。

③聚乙烯醇纤维：俗称"维纶"。

④聚丙烯腈纤维：俗称"腈纶"。

⑤聚丙烯纤维：俗称"丙纶"。

⑥聚乙烯纤维：俗称"乙纶"。

（二）服用纤维的基本性能及形态

1．服用纤维的基本性能

（1）服用纤维的吸湿性。是指纤维材料吸收、放出气态和液态水的能力，如图1-1所示。纤维的吸湿性直接影响服装材料的服用性能和加工性能以及贸易计重。因此，在纺织加工、性能检测、贸易计价及服装材料选择时，应着重考虑纤维的吸湿性。以下是纤维吸湿性的具体表现方面。

①抗静电。纤维吸湿性好，制品中含有水分，水的存在可以让电子流动起来，防止静电集蓄。

②易染色。染料的上染一般需要水作为媒介，纤维吸湿性好，所以易给制品染色，并且染色效果良好。

③舒适。在人体出汗的情况下，纤维会吸收水分，同时带走大量热量，保证人体表面干爽清

凉；在环境干燥的情况下，纤维则会放出所含水分，调节人体与服装之间的小环境，让人体感觉舒服。

④防水。纤维吸湿性影响织物防水性，吸湿性小的纤维，制品防水性好，如图1-2所示。

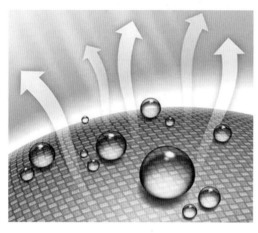

图1-1 纤维的吸湿性　　　　　　　　　　　图1-2 织物的防水性

此外，纤维的吸湿性还影响织物的缩水率。纤维吸收水分后膨胀，横向变粗，致使长度缩短，所以吸湿性越强，缩水率就越大。如棉、人棉、羊毛等纤维织物吸湿性强，水洗缩水率就大。

（2）服用纤维的吸湿性指标。服装纤维的吸湿性指标包括回潮率和含水率。

①标准回潮率。纤维在标准大气（温度20 ℃，相对湿度65%）状态下吸放湿作用达到平衡状态时的回潮率即为标准回潮率。

②实际回潮率。纤维在实际大气条件下测得的回潮率即为实际回潮率。

面料吸湿性实验

③公定回潮率。为了消除因回潮率不同而引起的重量的不同，满足纺织材料贸易和生产的需要，由国家统一规定各种纺织材料的回潮率，即为公定回潮率，见表1-1。应注意的是，公定回潮率的确定以标准回潮率为依据，但不等于标准回潮率。

表1-1 常见纤维的公定回潮率

纤维种类	公定回潮率 /%	纤维种类	公定回潮率 /%
原棉	8.5	涤纶	0.4
洗净毛	15～17	锦纶	4.5
桑蚕丝	11	腈纶	2
苎麻、亚麻	12	维纶	5
黄麻	14	丙纶	0
粘胶纤维	13	氯纶	0
天丝	11	氨纶	1

1. 服用纤维的形态

（1）服用纤维的长度与细度。长度与细度是衡量纤维品质的重要指标，也是影响成纱质量和最终产品性能的重要因素。纤维越细、越长，成纱质量越好，易制作光洁、柔软、轻薄的产品；若较粗、较短，就不宜纺出优质的纱线，易形成厚实、丰满、粗犷的外观。此外，描述纤维粗细程度的常用指标称为线密度，线密度的法定单位为特克斯，除此之外，按照用途的不同，线密度还包含多个单位，以下进行具体介绍。

①特克斯（tex）：简称"特"，是指在公定回潮率时，1 000 m长纤维或纱线所具有的质量（克）。特作为纤维的细度指标单位太大，故常用分特（dtex）来表示。

1 tex = 10 dtex。特数在实际生产中也被称为号数，如30号纱等。

②旦尼尔（D）：简称"旦"，是指在公定回潮率时，9 000 m长纤维所具有的质量（克）。旦尼尔的数值越大，纤维越粗，常用于化纤长丝和蚕丝细度的表征。1 tex=10 dtex=9 D。

③公制支数（Nm）：简称"公支"，是指在公定回潮率时，1克重纤维所具有的长度（米），单位符号是S。支数越大，纱线越细。

④英制支数（Ne）：简称"英支"，是指在公定回潮率时，1磅重的纤维所具有的长度码数。每一磅（0.45 kg）重的纤维或纱线长度为840码（1码=0.914 4米）即为一英支。英支越大，纱线越细。

长期的生产和贸易中，人们已经习惯了用公支表示棉纱细度，用英支表示毛纱细度，用旦尼尔表示化纤细度（纤度）。

（2）服用纤维的长度。纤维长度是指纤维在不受外力影响下，伸直时测得的两端间距，计量单位为mm。

（3）服用纤维的热学性能。热学性能主要包括导热性、耐热性、燃烧性三种性能。

①导热性。导热性是指纤维材料传导热量的能力，它直接影响产品的保暖性和触感。导热性好的纤维材料，手感凉爽，保暖性差；导热性差的纤维材料，手感温暖，保温性好。纤维材料的导热性能通常用导热系数（热导率）来表示，导热系数大，导热性好，见表1-2。

表1-2　各种纤维材料的导热系数

纤维	导热系数 / $[W \cdot (m \cdot K)^{-1}]$	纤维	导热系数 / $[W \cdot (m \cdot K)^{-1}]$
棉	0.071 ~ 0.073	涤纶	0.084
蚕丝	0.05 ~ 0.055	腈纶	0.051
羊毛	0.052 ~ 0.055	丙纶	0.221 ~ 0.302
粘胶纤维	0.055 ~ 0.071	氯纶	0.042
醋脂纤维	0.05	空气	0.026
锦纶	0.244 ~ 0.337	水	0.697

②耐热性。耐热性是指纤维抵抗高温的能力。在过高的温度中，纤维会出现强度下降、弹性消失甚至融化等不良现象。大多数的合成纤维在受热后会收缩变形，这种现象称为热收缩。合成纤维产生热收缩的原因是合成纤维在纺丝加工过程中，内部残留拉伸应力，因受内部结构的限制不能收缩，当纤维松弛并受热时，分子热运动增加，纤维内部的约束力减小，便会出现收缩变形的现象。

合成纤维中热收缩最明显的是氯纶和丙纶，其次是锦纶。涤纶也会发生热收缩。

③燃烧性。燃烧性能是指纤维材料遇火时所发生的一切物理变化和化学变化，由纤维的着火性和火焰传播性、发热、发烟、炭化、失重以及毒性生成物的产生等特性来衡量。纤维根据其接近火焰及在火焰中发生反应时的状况，分为易燃纤维、可燃纤维和难燃纤维三大类，其中，棉、麻、粘胶、腈纶等为易燃纤维，丝、毛、锦纶、涤纶为可燃纤维，氯纶是难燃纤维。

据统计，全球每年发生的火灾中有一半与纺织品有关，因此，很多国家对家居纺织品、儿童服装及老年服装等产品作出了相应的阻燃规定。

④耐气候性。耐气候性是指纤维制品在太阳辐射、风雪等气候条件下不发生破坏，保持其性能不变的特性。其中影响最大、被研究最多的是纤维的耐日光性，阳光中的紫外线会引起纤维大分子化学结构的破坏，体现在纤维泛黄或变色、纤维强力降低，乃至纤维完全降解等方面。纤维的耐日光性具体可分成以下几种情况：

a. 日光对纤维影响不大的有：腈纶、涤纶、醋酯纤维、维纶、棉、麻等。

b. 日光可使纤维强度下降的有：粘胶纤维、丙纶、氨纶等。

c. 日光可使纤维强度下降并泛黄的有：毛、丝、锦纶等。

最后，须注意在开发户外服装及特种服装时，要特别考虑纤维成分的耐日光性。

⑤抗静电性。抗静电性与纤维的吸湿性有关，吸湿性好的纤维不易积累静电。对合成纤维中吸湿性差、易起静电的织物，可以进行抗静电处理，一般的合成纤维面料出厂时都进行过抗静电处理，但抗静电处理剂随着水洗次数的增加而逐渐减少，抗静电效果也随之下降。

思考与训练

蚕丝的导热系数较小，保暖性好，为什么常用来做夏季服装？

第二章 纤维性质

第一节 天然纤维

一、天然纤维素纤维

（一）棉纤维

1. 棉纤维的种类

棉纤维主要分为细绒棉、长绒棉以及匹马绵三种。

（1）细绒棉。纤维线密度和长度中等，一般长度为 25 ~ 35 mm，线密度为 2.12 ~ 1.56 dtex （4 700 ~ 6 400 公支），强力在 4.5 cN 左右，我国种植的棉花大多属于此类。

（2）长绒棉。又称为海岛棉。纤维细而长，一般长度在 33 mm 以上，线密度为 1.54 ~ 1.18 dtex （6 500 ~ 8 500 公支），强力在 4.5 cN 以上。它的品质优良，主要用于编制细于 10 tex 的优等棉纱。

我国除新疆种植绒棉以外，其他地区较少种植此类棉花。

（3）匹马棉。极品长绒棉的统称，美国部分地区（主要是西部和西南部）、秘鲁、埃及、以色列、澳大利亚和我国现在都有匹马棉出产。

匹马棉纤维长，比一般棉花长35%；韧力强，比一般棉花高45%；产量少，全球只有3%的棉花属于此种类别；细度佳，提供较佳的染整能力。匹马棉经染整后，色泽较鲜明和光亮，质地自然柔软、手感顺滑，悬垂感强，织出来的布料韧性十足，成品有较佳的悬垂效果。这种棉花是制造丝光棉的重要原料。

2．棉纤维结构及影响

在显微镜下观察可发现，棉纤维纵向呈扁平的转曲带状，横截面呈腰圆形。正常成熟的棉纤维可以看到在其结构上有许多螺旋形的扭曲，这种扭曲是棉纤维在生长过程中自然形成的，称为"天然转曲"。天然转曲是棉纤维的形态特征，可用天然转曲这一特点将棉纤维与其他纤维区别开来，如图2-1所示。

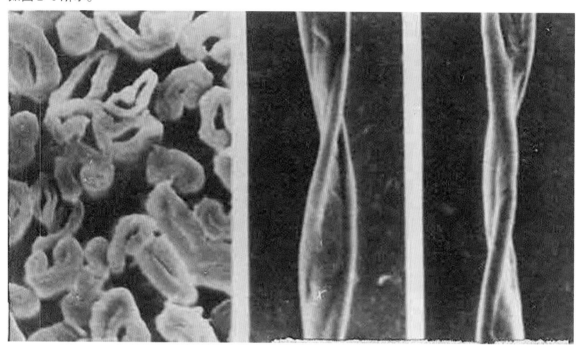

图 2-1　棉纤维的纵、横向结构

3．棉纤维的物理性质和化学性质

（1）物理性质。棉纤维的物理性质具体分为长度、细度、强度和弹性以及吸湿性四个方面。

①长度。棉纤维的长度平均为 23 ～ 33 mm，长绒棉为 33 ～ 45 mm。棉纤维的长度与纺纱工艺及纱线的质量关系十分密切。棉纤维的长度越长、整齐度越高、短绒越少，可纺的纱越细、条干越均匀、强度越高，且表面光洁、毛羽少；棉纤维长度越短，纺出的纱极限线密度越高。各种长度棉纤维的纺纱线密度一般都有一个极限值。

②细度。棉纤维细度较小，长度较短，制品表面毛羽多。

③强度和弹性。棉纤维强度高，则成纱强度也高；棉纤维强度较低，则弹性较差，回弹性也差，因此织物易起皱。

④吸湿性。棉纤维的成分是纤维素，纤维素大分子上存在许多亲水性基因，所以其吸湿性较好。一般大气条件下，棉纤维的公定回潮率可达 8.5% 左右，因此棉纤维织物在夏季时穿着舒适，透气透湿。另外，棉纤维吸湿后强度提高，大约湿强是干强的 1.1 ～ 1.3 倍，因此棉纤维织物可以进行

高温水洗。但棉纤维吸湿后会横向溶胀，造成成品纱线与织物尺寸不稳定，产生收缩现象，这一现象叫"缩水"。织物缩水是加工生产时须注意的问题，棉机织物缩水率一般为 3% ~ 7%，牛仔布缩水率最大，可以达到 10%。

纤维吸湿性会影响纤维的染色性，吸湿性好，染色性就随之较好，并且色谱全，色彩鲜艳，但同时易褪色。

（2）化学性质。棉纤维的化学性质具体分为耐酸碱性、耐光性和耐热性以及耐霉菌性三个方面。

①耐酸碱性。棉纤维耐酸性差，酸性物质可使棉纤维受损伤。棉纤维对碱的抵抗能力较强，但会引起横向膨化。可利用稀碱溶液对棉纤维进行丝光处理。丝光是指棉制品（纱线、织物）在有张力的条件下，浸泡在烧碱溶液里，然后再在张力的条件下洗去烧碱溶液的处理工艺。经过丝光处理，棉纤维直径增大变圆，纵向天然扭曲率改变（80%→14.5%），横截面由腰圆形变为椭圆形甚至圆形，胞腔缩为一点。若施加适当张力，纤维圆度增大，表面原有皱纹消失，表面平滑度、光学性能均能得到改善（对光线的反射由漫反射转变为较多的定向反射），增加了反射光的强度，织物会显示出丝一般的光泽。另外，经过丝光处理，纱线中棉纤维的平行度增加，强度增大。

市面上现在有双丝光织物，双丝光是指用经过丝光处理的棉纱线织成织物，再对织物进行丝光处理，经过二次丝光后，其丝光作用比普通的仅对纱线丝光的棉织物效果均匀，光泽更加亮丽自然，手感滑爽，穿着舒适，使织物的外观和性能均得到了提高。

②耐光性和耐热性。棉纤维的耐光性和耐热性一般，在阳光中会被缓慢地氧化，使强力下降。长期高温作用会使棉纤维强度遭受破坏，但其可耐受 125 ℃ ~ 150 ℃短暂高温处理。长时间日晒棉纤维易褪色泛黄。

③耐霉菌性。微生物对棉纤维有破坏作用，因此棉纤维不耐霉菌，在阴湿环境下极易发霉，所以在洗涤和保养时须注意该方面因素。

（二）麻纤维

1．麻纤维的结构

麻纤维大多纵向平直，有竖纹横节，类似甘蔗。其中，亚麻纤维的横截面为不规则的多角形，也有中腔，横截面外观类似石榴籽；苎麻纤维的横截面为扁圆形，有较大中腔，粗看与棉相似，细看横截面上有小裂纹，不像棉那样光滑细致，如图 2-2 所示。麻纤维的这种不规则的截面特征，以及纵向的横节纵纹，很大程度上决定了麻制品自然粗犷的外观和手感。

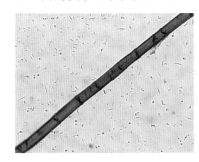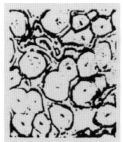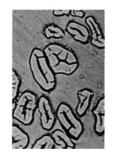

亚麻纤维纵向结构　　　　亚麻纤维横截面　　　　苎麻纤维纵向结构　　　　苎麻纤维横截面

图 2-2　麻纤维的结构

麻纤维的结构决定了麻纤维织物的外观性能，光泽较好，颜色多为象牙色、棕黄色、灰色等。但麻纤维形成的织物颜色不均匀，有一定色差。

2．麻纤维的物理性质和化学性质

（1）物理性质。麻纤维的物理性质包括强度、弹性、吸湿性三方面。

①强度。苎麻和亚麻纤维胞壁中纤维素大分子的取向度比棉纤维大，结晶度也好，因而麻纤维的强度比棉纤维高，可达 6.5 克/旦，并且吸湿后强度增大，能够强力水洗。伸长率小，只有棉纤维的一半，约 3.5%。

②弹性。麻纤维弹性差，导致制品易起皱，且起皱后不易消失，因此麻织品大多都事先经过防皱处理。麻纤维质地比较脆硬，压缩弹性差，经常折叠的地方容易断裂，不适合制作有褶皱款式的服装，保存时须注意不要重压。

③吸湿性。麻纤维具有良好的吸湿性，吸湿速度快，放湿速度更快，放湿速度是吸湿速度的两倍，因此麻织品具有夏季穿着凉爽舒适的特点。虽然麻纤维的吸湿性好，但由于它独特的大分子结构，内部结晶区大，染料难以进入分子内部，因此麻织品染色性差，不易漂白，市场上见到的大多数麻织品颜色较灰暗，多为本色麻布或者浅灰色、浅米色等，鲜艳颜色较少。

（2）化学性质。麻纤维的化学性质包括耐酸碱性、耐热性以及耐霉菌性三个方面。

①耐酸碱性。麻纤维对酸、碱都不敏感，在烧碱液中可进行丝光处理，使其强度、光泽度增强；在稀酸中短时间内基本不发生变化，但会被强酸损伤。

②耐热性。麻纤维耐热性好，熨烫温度可以达到 190 ℃ ~ 210 ℃，在常用纤维中熨烫温度最高，但麻织物干烫困难，适合加湿熨烫。

③耐霉菌性。麻纤维具有抑菌抗菌的特点，不耐霉，但抗虫蛀。尤其是亚麻纤维，其表面的果酸能有效地抑制细菌的生长，是天然的抗菌纤维，因此，桌布、家居纺织品多采用亚麻纤维。

3. 麻纤维的种类

麻纤维主要分为亚麻、苎麻、大麻以及菠萝麻四种。

（1）亚麻。亚麻纤维平均线密度为 0.29 tex，亚麻采用工艺纤维纺纱，打成麻的工艺纤维截面含 10 ~ 20 根单纤维，工艺纤维的线密度与纱的条干强度和纺纱断头率密切相关。亚麻单纤维平均长度为 17 ~ 25 mm，打成麻的长度取决于亚麻的栽培条件和初加工，长度一般在 300 ~ 900 mm。亚麻的强度一般由工艺纤维的粗细决定。亚麻的强度直接影响织物的强度。亚麻纤维的色泽是决定其具体用途的重要标志，一般以银白色、淡黄色或灰色为最佳，以暗褐色、赤色为最差。根据我国亚麻品质情况，把打成麻的工艺纤维的色泽分为浅灰色、烟草色、深灰色和杂色 4 种，如图 2-3 所示为脱胶后的亚麻纤维。

（2）苎麻。苎麻有丝绸一般的光泽，又叫丝麻，染色性好，色彩鲜艳，不易褪色。在各种植物纤维中，苎麻纤维品质最好，如图 2-4 所示。苎麻纤维直径为 17 ~ 64 μm，横断面呈多角形、椭圆形。苎麻纤维长度为 60 ~ 250 mm，是麻类作物中最长的，但其长度差异性大。苎麻纤维强度大但延伸度小，强度比棉纤维大七八倍。苎麻纤维构造中的空隙大，透气性好，传热快，吸水多而散湿快，所以穿麻织品会有凉爽感。苎麻还具有不易霉变和被虫蛀，质地轻盈的特点，同容积的苎麻比棉轻 20%。

图 2-3 亚麻纤维　　　　　　　　　　　　　　图 2-4 苎麻纤维

（3）大麻。大麻纤维细度为 15 ~ 30 μm，仅为苎麻的 1/3，是麻纤维中最细软的一种。大麻纤维顶端呈钝圆形，没有苎麻、亚麻那样尖锐的顶端，故成品特别柔软适体。大麻纤维中心细长的空腔与纤维表面纵向分布着许多裂纹和小孔洞，形成优异的毛细管效应，故排汗吸湿好，大麻纤维横截面比苎麻、亚麻、棉、毛都复杂，为不规则三角形、六边形、扁圆、腰圆等形状，中腔与外形不一，其分子结构为多棱状，较松散，有螺旋纹，如图 2-5 所示，因此大麻纤维对音波、光波有良好的消散作用，无须特别处理即可阻挡强紫外光的辐射。大麻是不良导体，其抗电击穿能力比棉纤维高30% ~ 90%，是良好的绝缘材料。由于大麻纤维吸湿性能特别好，暴露在空气中的大麻织品，一般含水量达 12% 左右；在空气湿度达 95% 时，含水量可达 30%，手感却不觉得湿，因此能轻易避免静电积聚及摩擦引起的放电和起球现象。除此之外，大麻纤维耐热性能好，能在 370 ℃下而不变色。大麻纤维中空，平时含氧气，使厌氧菌无法生存，对金黄色葡萄球菌、绿脓杆菌、白色球菌、石膏样毛癣菌、青霉、曲霉等明显有杀灭作用，所以，大麻不需用任何化学农药及杀虫剂，是标准的绿色产品。

（4）菠萝麻。菠萝叶纤维的主要成分是纤维素纤维以及一定量的果胶和木质素等，如图 2-6 所示。菠萝叶纤维具有与棉纤维相当或比棉纤维更高的强度，断裂伸长率为 3.2%，接近苎麻、亚麻纤维，比棉纤维低，具有很高的初始模量，不易伸长变形，具有类似丝光亚麻的手感。纤维长度（切断）为 100 mm，纤维线密度为 26.7 dtex，回潮率在标准大气下（温度 27 ℃，相对湿度 65%）为11.5%。由于以上特性，菠萝叶纤维特别适合与合成纤维及其他天然纤维进行混合。

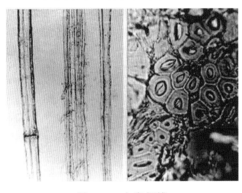

图 2-5　大麻纤维　　　　　　　　　　　　图 2-6　菠萝叶纤维

二、天然蛋白质纤维

天然蛋白质纤维主要包括毛纤维与丝纤维两种。

（一）毛纤维

毛纤维包括羊毛、羊绒、兔毛、马海毛、羊驼毛、驼绒等。

1. 羊毛

（1）羊毛的形态。羊毛纤维纵向具有天然卷曲形态，且羊毛纤维纵向表面由鳞片层覆盖。细羊毛的截面近似圆形，长短径之比在 1 ~ 1.2 之间；粗羊毛的截面呈椭圆形，长短径之比在 1.1 ~ 2.5之间；羊毛截面呈扁圆形，长短径之比达 3 以上。

羊毛纤维随绵羊品种的不同而有很大差异，但它们的鳞片差异并不大。每一个鳞片细胞是一个长宽各 30 ~ 70 μm、厚 2 ~ 6 μm 的不规则四边形薄片；它的细胞腔很小，一般为 0.2 ~ 2.3 μm，其中还包含干缩的细胞核。鳞片细胞一层一层地叠合包围在羊毛纤维毛干的外层。鳞片细胞的主要组成物质是角蛋白，它是由近 20 种氨基酸脱水缩合形成的蛋白质大分子。鳞片细胞内半层的蛋白质大分子堆砌比较疏松，具有较好的弹性；外半层的蛋白质则堆砌比较紧实，具有更强的抵抗外部理化作用的能力。

综上所述，鳞片层的主要作用是保护羊毛不受外界条件的影响而引起性质变化。另外，鳞片层的存在，还使羊毛纤维具有特殊的缩绒性，如图2-7所示。

（2）纤维成分。羊毛是天然蛋白质纤维，主要成分是称为"角朊"的蛋白质。天然蛋白质纤维中角朊含量占 97% ~ 99%，无机物占 1% ~ 3%。羊毛角朊的主要元素是 C、O、N、H、S。此外，羊毛是一种含

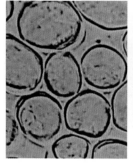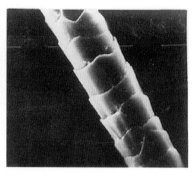

图2-7　羊毛横截面和纵向结构

杂质较多的天然纤维，原毛中含有的主要杂质是脂汗。脂汗主要由脂蜡和汗质两部分组成，羊毛脂对羊毛起到一定的保护作用，经提炼后的羊毛脂是贵重的化工原料，也可作为医用外敷软膏、化妆品以及其他特殊用途的油脂剂等。

（3）纤维的性质。羊毛纤维性质包括力学性质、吸湿性、热学性可塑性、化学性质等几个方面。

①力学性质。羊毛纤维弹性好，是天然纤维中弹性最好的纤维。羊毛的比重小，在 1.28 ~ 1.33 之间。羊毛的强度较其他纤维低，但断裂伸长率可达 40%。由于羊毛较其他纤维粗，并有较高的断裂伸长率和优良的弹性，所以在使用中，羊毛织品较其他天然纤维织品坚牢。

②吸湿性。羊毛纤维的吸湿性很好，是天然纤维中吸湿性最好的，公定回潮率为 15% ~ 17%（洗净毛）。羊毛纤维在吸收本身重量 30% 的水分时，手感仍然是干爽的。并且羊毛在吸湿的同时会放出热量。羊毛纤维这种优良的吸湿性能，以及它较小的导热系数，使得它的保暖性很好，是制作冬季保暖性服装常见的材料。

③热学性质。对羊毛进行 60 ℃ 干热处理对羊毛几乎无影响，但随着温度增加，羊毛会逐渐变质；羊毛在 100 ℃ 下烘干 1 小时，颜色发黄，强度下降；在 110 ℃ 时，则会发生脱水；在 130 ℃ 时，羊毛颜色变为深褐色；在 150 ℃ 时，开始有臭味；在 200 ℃ ~ 250 ℃ 时，便会焦化。

④可塑性。羊毛纤维在湿热条件下膨化，失去弹性，在外力作用下，被压成各种形状，解除外力，已压成的形状可很久不变，这种性能称可塑性。进行可塑性处理时会产生如下两种结果：

a. 暂时定型。定型后通过比热处理温度更高的蒸汽或水的作用，纤维可重新回缩至原来形状。

b. 永定定型。定型后的纤维在蒸汽中处理 1 ~ 2 小时，仅稍有回缩，但基本形状不变。

羊毛的定型处于永久定型和暂时定型之间，是半定型，可以稳定一段时间，但遇水长时间洗涤后，定型就会消失。

⑤化学性质。羊毛纤维耐酸不耐碱，碱会破坏羊毛纤维的结构，使羊毛变黄老化，强度下降，光泽暗淡，手感粗糙，因此羊毛制品不适合用碱性洗涤剂进行洗涤。氧化剂对羊毛的作用剧烈，尤其是强氧化剂，在高温时会破坏羊毛纤维的结构，所以羊毛不能使用次氯酸钠进行漂白处理。过氧化氢对羊毛作用较小，可常用 3% 的稀溶液对羊毛制品进行漂白。

（4）日光、气候对羊毛纤维的作用。羊毛是天然纤维中抵抗日光、气候能力最强的一种纤维，光照 1 120 小时强度下降 50% 左右，主要是紫外线会破坏羊毛纤维中的二硫键，使胱氨酸被氧化，颜色发黄，强度下降。

羊毛毡缩

2. 羊绒

（1）羊绒的特点及形态。羊绒是紧贴山羊表皮生长的浓密细软的绒毛，具有细腻、轻盈、柔软、保暖性好等特点，常用于羊绒衫、羊绒大衣呢子、高级套装等制品。由于其品质优良、产量小，一只山羊一年的产绒量大概为 100 ~ 200 克，所以很名贵，素有"软黄金"之称。羊绒按颜色可分为白绒、紫绒、青绒，其中白绒的品质最好，用途较广。

与羊毛相比，羊绒的鳞片细小而光滑，纤维细，纤维中间有一个空气层，因而其重量轻，手感滑糯，如图 2-8 所示。

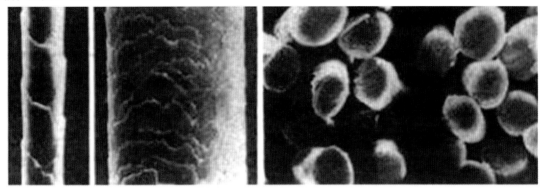

图 2-8　羊绒

（2）羊绒与羊毛的区别。具体如下所述。

①羊毛的鳞片排列比羊绒紧密且厚，其缩绒性也比羊绒大。

②羊毛的卷曲度比羊绒的卷曲度小，羊绒纤维卷曲度、卷曲率、卷曲回复率均较大，宜于加工手感丰满、柔软、弹性好的针织品，穿起来舒适自然，而且有良好的还原特性，尤其表现在洗涤后不缩水，保型性好等方面。由于羊绒卷曲度较大，在纺纱织造中排列紧密，抱合力好，所以保暖性是羊毛的 1.5 ～ 2 倍。

③羊绒的皮质含量比羊毛高，羊绒的刚性比羊毛好，即羊绒比羊毛更柔软。

④羊绒的细度不均率比羊毛低，其制品的外观质量比羊毛好。

⑤羊绒纤维细度均匀，密度比羊毛小，横截面多为规则的圆形，其制品比羊毛制品轻薄。

⑥羊绒的吸湿性比羊毛好，可充分吸收染料，不易褪色，并且羊绒的回潮率高，电阻值比较大。

⑦羊毛的耐酸、耐碱性比羊绒好，遇氧化剂和还原剂时亦比羊绒损伤小。

⑧通常羊毛制品的抗起球性比羊绒制品好，但羊毛制品的毡化收缩性大。

3．兔毛

纺织用兔毛产自安哥拉兔和家兔，其中以安哥拉兔毛的质量为最好，最柔软。

兔毛由角蛋白组成，细毛和粗毛都有髓质层，绒毛的毛髓呈单列断续状或狭块状，粗毛的毛髓较宽，呈多列块状，含有空气，如图 2-9 所示。兔毛纤维细长，颜色洁白，光泽好，柔软蓬松，保暖性强，但纤维卷曲度较小，表面光滑，纤维之间抱合性能差，强度较低，细毛为 15.9 ～ 27.4 cN/tex，粗毛为 62.7 ～ 122.4 cN/tex，平均断裂伸长率为 31% ～ 48%；对酸、碱的反应与羊毛大致相同。兔毛大多与其他纤维混纺，可作针织衫和机织面料。

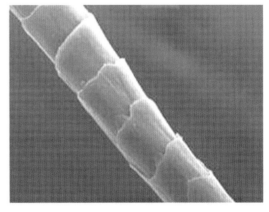

图 2-9　兔毛结构

兔毛很柔软，冬天穿很保暖，并且市场上的兔毛制品价格都很合理。兔毛制品最大的缺点是掉毛，所以，掉毛率是衡量兔毛品质的一个重要指标。

4．马海毛

马海毛指安哥拉山羊身上的皮毛，又称安哥拉山羊毛，得名于土耳其语，意为"最好的毛"，是目前世界市场上高级的动物纺织纤维原料之一。

马海毛的形态与绵羊毛很相似，如图2-10所示。马海毛长度为120～150 mm，细度为10～90 μm，鳞片少而平阔，紧贴于毛干，很少重叠，具有竹筒般的外形，使纤维表面光滑，产生蚕丝般的光泽。马海毛织物具有闪光、柔软、坚牢度高、耐用性好、不毡化、不起毛起球、沾污后易清洁的特点。马海毛高档的手感和独特的天然光泽在纺织纤维中是独一无二的。马海毛的皮质层几乎都是由正皮质细胞组成的，也有少量副皮质呈环状或混杂排列于正皮质之中，因而纤维很少弯曲；对一些化学药剂的反应比一般羊毛敏感，与染料有较强的亲和力，染出的颜色透亮，色调柔和、浓艳，是其他纺织纤维无法比拟的。

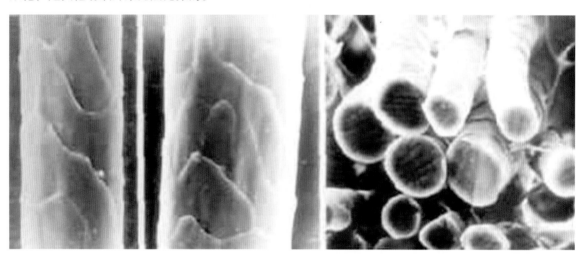

图 2-10　马海毛纵、横向形态

马海毛主要用于长毛绒、顺毛大衣呢子、提花毛毯等一些高光泽的毛呢面料以及针织毛线。粗棒针手织的马海毛衫，披挂着柔软的如丝如雾般的纤维，构成高贵、活泼而又粗犷的服装风格，深受人们喜爱。

5．羊驼毛

羊驼的长相既和骆驼有相似的地方，又和绵羊有相似之处。羊驼毛粗细毛混杂，平均直径22～30 μm，细毛长度为50 mm左右，粗毛的长度为200 mm左右。羊驼的毛纤维长而卷曲，并且具有光泽。羊驼毛比马海毛更细、更柔软，如图2-11所示。羊驼毛色泽为白色、棕色、淡黄褐色或黑色，其强度和保暖性均远高于羊毛。

羊驼毛还具有以下特点。

（1）颜色丰富，可以不染色。目前国外专业学者将羊驼毛分为22种自然色。

图 2-11　羊驼毛

（2）柔似棉花，滑似丝绸。羊驼毛特殊的中空结构使其更加轻薄有弹性，长时间按压使用也不易变形，依然柔软光滑。

（3）保暖防潮。羊驼毛的保暖性能十分优异，其绝缘性能使其既能隔绝冷空气，也能不向外界传导热量，更加保暖透气。

（4）不沾灰尘，干净卫生。羊驼毛本身不含油脂，因而不易积尘，没有异味，容易打理。并且，羊驼毛不易脱落，不会导致过敏，适用于各种体质的人穿着。

6. 驼绒

驼绒是骆驼绒的简称，驼绒是取自骆驼腹部的绒毛，是制作高档毛纺织品的重要原料之一。驼绒具有不易毡缩、表面光滑、手感柔软、蓬松、保暖性好等特性。驼绒制品还有轻、柔、暖的特点，它已经成为一种重要的出口物资，但其产量有限，一只骆驼只能产 0.3 公斤的净绒，比山羊绒更为珍贵。

驼绒纤维为中空状结构，如图 2-12、图 2-13 所示。这种结构有利于空气的储存，在动物绒中耐寒性最强，是很理想的天然御寒物资。驼绒的整体稳定性较强，经久耐用。驼绒含有天然蛋白质成分，不易产生静电，不易吸灰尘，对皮肤无刺激性，不会出现过敏现象。

驼绒质量主要考核指标有细度、长度、白度和含绒率，骆驼身上毛绒纤维的细度范围在 10 ~ 105 μm，其中 40 μm 及以下的纤维称作骆驼绒，平均含绒率为 73.96%。

驼绒的长度，活体检测肩部手扯长度为 54.7 mm、体侧手扯长度为 53.2 mm、手排长度为 61.7 mm。

驼绒纤维的白度依据天然颜色划分，顺序为白色、银灰、杏黄、棕红、褐色、黑色，图 2-14 所示为杏黄色驼绒。

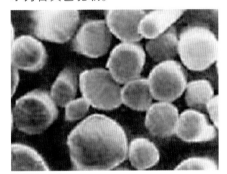

图 2-12　驼绒的横截面形态

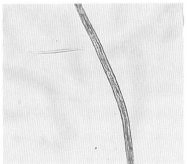

图 2-13　驼绒的纵向结构

图 2-14　杏黄色驼绒

（二）丝纤维

天然的丝纤维来自动物的腺分泌物，包括桑蚕丝和柞蚕丝两种，由蚕丝制成的织物称为丝绸服装。

丝绸服装色彩艳丽，光泽柔和典雅，飘逸灵动，尽显奢华，一直受到人们的喜爱。

1. 桑蚕丝

（1）桑蚕丝形态。在显微镜下观察，构成茧层的桑蚕丝是由两条平等的单丝组成的，横截面呈半椭圆形或略呈三角形，纵向平直光滑，如图 2-15、图 2-16 所示。桑蚕丝接近三角形的横截面形态，使得丝织物具有独特的丝鸣和闪光效应。

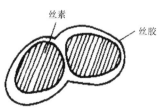

图 2-15　桑蚕丝横截面

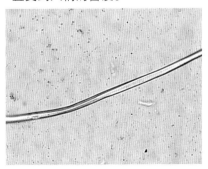

图 2-16　桑蚕丝纵向结构

丝鸣是丝纤维（或织物）相互错动时所发出的鸣音，优雅悦耳，为丝纤维所专有。从发声条件来看，丝鸣属于高分子材料间的摩擦声，进一步分析发现，这种摩擦声含有特定的振动形式，不同于一般纤维（或织物）间的摩擦声。丝鸣是最能说明真丝特性的一项指标，其中低频部分会产生悦耳的听觉效应，超低频部分则产生刺激作用，使穿着丝织物时对皮肤产生刺激感；闪光效应是由于单丝接近三角形的截面形态，使得织物在光线作用下，对光的反射出现不同的深浅效果。闪光效应的存在，使得丝织物呈现迷人的梦幻效果，更增加了丝织物的奢华之美。

（2）桑蚕丝成分。桑蚕丝从蚕茧上脱离下来后，经合并形成生丝，生丝外层是丝胶，内层是丝素，丝胶和丝素的主要成分都是蛋白质。

（3）桑蚕丝的物理性质。包括细度、强度以及吸湿性三方面。

①桑蚕丝的细度很小，比重很低，因此制成的面料轻薄飘逸；白色、黄色茧最常见，光泽柔和均匀。桑蚕丝纤维的强度较大，但湿态强度低于干态强度。

②桑蚕丝的吸湿性。桑蚕丝的丝素中有许多微孔，且蛋白质分子上有亲水基团，因此桑蚕丝的吸湿性很好，优于棉，但略次于羊毛，公定回潮率为11%。由于它的吸湿性好，染色性便好，色彩艳丽，色谱齐全。

（4）桑蚕丝的化学性质。包括耐酸、碱性，耐热、耐光性，耐盐性以及抗氧化、还原性四方面。

①耐酸、碱性。桑蚕丝织物耐酸性与酸的浓度及性质有关，丝类在弱无机酸和有机酸中比较稳定。经一定浓度的有机酸处理过的丝织物，会增加光泽，改变手感，但其强度会下降。丝织物在高浓度无机酸中会急剧膨胀，溶解而损坏。丝织物耐碱性较差，在碱液中会发生水解，在煮沸的碱液中，蚕茧丝会被完全溶解。可见丝织物只适宜在中性或弱酸性溶液中进行洗涤。

②耐热、耐光性。桑蚕丝的耐热性优于棉，在120℃时几乎无影响。而耐光性则较差，经过日晒易发黄。因此须注意丝织物不能在阳光下暴晒。

③耐盐性。丝织物耐盐性差，如在5%的食盐溶液中长时间浸泡，其组织结构会破坏。被含盐分的汗水浸润过的丝质内衣，干燥后会出现黄褐色斑点，所以，丝织物服装汗湿后须马上洗涤。

④抗氧化、还原性。桑蚕丝纤维对还原剂有一定的承受力，但对氧化剂敏感，氧化剂会使桑蚕丝纤维发黄。

2. 柞蚕丝

柞蚕丝是以柞蚕所吐之丝为原料缫制的长丝，称为柞蚕丝。柞蚕丝是我国特有的天然纺织原料之一，具有独特的珠宝光泽，天然华贵，触感滑爽舒适。柞蚕丝横截面呈椭圆形，纵向平直，如图2-17、图2-18所示。柞蚕丝横截面比桑蚕丝更扁平一些，同桑蚕丝相比，柞蚕丝粗硬，光泽也不如桑蚕丝。

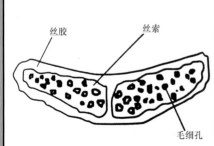

图2-17　柞蚕丝横截面

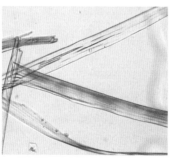

图2-18　柞蚕丝的纵向结构

桑蚕丝与柞蚕丝的区别

蚕丝被的使用与保养方法

第二节　化学纤维

一、再生纤维

再生纤维分为再生纤维素纤维以及再生蛋白纤维两种。再生纤维素纤维主要包括粘胶纤维、铜氨纤维、新型再生纤维素纤维、富强纤维和醋酸纤维；再生蛋白质纤维主要包括大豆蛋白纤维和牛奶蛋白纤维等，其产量非常少。

（一）再生纤维素纤维

1. 粘胶纤维

粘胶纤维是粘纤的全称，是第一个产业化生产的化学纤维。粘纤是以棉或木材等其他天然纤维为原料生产的纤维素纤维。在十二种主要纺织纤维中，粘纤的含湿率最符合人体皮肤的生理要求，具有光滑凉爽、透气、抗静电、色彩绚丽等特性。

粘胶纤维按照切割长度分棉型、毛型和丝型粘胶纤维，棉型粘胶纤维俗称"人造棉"，毛型粘胶纤维俗称"人造毛"，丝型粘胶纤维俗称"人造丝"。粘胶纤维可分为普通型、强力型和高性能型三种类型。

（1）粘胶纤维的形态结构。普通粘胶纤维的截面呈锯齿形皮芯结构，纵向平直有沟横，如图 2-19、图 2-20 所示。

图 2-19　粘胶纤维纵向结构　　　　　　　　图 2-20　粘胶纤维横截面

（2）粘胶纤维的物理性质和化学性质。

粘胶纤维的物理性质包括强度和吸湿性两方面。

①强度。粘胶纤维强度比棉差，湿强比干强低，大约为干强的 50%，湿态伸长增加约 50%。弹性能差，因此织物容易伸长，尺寸稳定性差，易出皱。

②吸湿性。粘胶纤维具有良好的吸湿性，在一般大气条件下，回潮率在 13% 左右。吸湿后显著膨胀，直径增加可达 50%，所以织物下水后手感发硬，收缩率大。

粘胶纤维的化学性质包括耐酸碱性、染色性等方面。

①耐酸碱性。粘胶纤维的成分为纤维素，所以较耐碱而不耐酸，但粘胶纤维的耐碱耐酸性均比棉差。

②粘胶染色性。粘纤维的染色性与棉相似，染色色谱全，染色性能良好。

粘胶纤维的光泽好，像棉纤维一样柔软，像丝纤维一样光滑，并且还具有良好的吸湿性、透气性。但粘胶纤维湿牢度差，弹性也较差，织物易褶皱且不易恢复。因此粘胶纤维织物不适合强力水洗和长时间浸泡。

2．铜氨纤维

铜氨纤维是再生纤维素纤维的一种。铜氨纤维截面呈圆形，无皮芯结构，纤维可承受高度拉伸，制得的单丝较细，所以面料手感柔软，光泽柔和，有真丝感。铜氨纤维的吸湿性与粘胶纤维接近，其公定回潮率为11%，在一般大气条件下回潮率可达到12%～13%，在相同的染色条件下，铜氨纤维的染色亲和力比粘胶纤维大，上色较深。铜氨纤维的干强度与粘胶纤维接近，但湿强度高于粘胶纤维，耐磨性也优于粘胶纤维。由于铜氨纤维细软，光泽适宜，常用于做高档丝织物或针织物。酮氨纤维的服用性能近似于丝绸，极具悬垂感，符合环保服饰潮流。

（1）物理性质。铜氨纤维的物理性质包括强度及耐热性两方面。

①强度。铜氨纤维强度比粘胶纤维高，湿态时，强度是干态时的65%～70%。

②耐热性。铜氨纤维加热到150℃时强度下降，到180℃即枯焦。

（2）化学性质。铜氨纤维的化学性质包括耐酸碱性以及抗氧化性等方面。

①耐酸碱性。铜氨纤维对酸和碱的抵抗能力差。热的稀酸和冷的强酸都会使它溶解，但在低浓度的弱碱液中，进行短时处理，不会有什么影响。

②抗氧化性。铜氨纤维对含氯漂白剂、过氧化氢的抵抗能力差。

铜氨纤维手感柔软，光泽柔和，具有真丝感，悬垂性好；吸湿性能优良，透气透湿，是会"呼吸"的纤维。所以，铜氨纤维特别适用于与羊毛、合成纤维混纺或纯纺，做高档针织物，如内衣、女用袜子以及女装衬衣、风衣、裤料、外套等。但铜氨纤维的色牢度差，极易褪色。

3．新型再生纤维素纤维

新型再生纤维素纤维主要包括莱赛尔纤维和天丝。

（1）莱赛尔纤维。指的是将木浆溶于NMMO溶剂，不经化学反应，用干喷湿法工艺得到的新一代再生纤维素纤维。该纤维的专利于1978年由德国Akzo Nobel公司取得，于1989年由国际人造纤维和合成纤维委员会正式命名。

莱赛尔纤维的化学组成、染色性、热学性质均与棉相似，且具有良好的吸湿性、亲肤性、抗菌性、可生物降解性以及透气性。在纺织品的服用、家用、产业用三大终端领域具有极其广泛的应用前景。

（2）天丝。天丝是奥地利兰精公司为其生产的莱赛尔纤维注册的商品名称。它是以木浆为原料，经溶剂纺丝方法生产的一种崭新的纤维。因此，天丝是莱赛尔纤维，但莱赛尔纤维不是天丝。

天丝具有良好的尺寸稳定性和吸湿性，并且色泽鲜艳，手感柔顺滑糯，具有天然纤维的舒适感。在潮湿的环境中会吸湿膨胀，大大缩小纱线及纤维间的间隙，从而有效阻止雨雪入侵又不失其特有的透气性。

4．富强纤维

富强纤维是粘胶纤维的升级产品，又称高性能粘胶纤维，日本的商品名叫"波里诺西克"，属于高湿模量类。富强纤维的特性具体有如下几点。

（1）强度大。富强纤维织物比粘胶纤维织物结实耐穿。

（2）缩水率小。富强纤维的缩水率比粘胶纤维小1倍。

（3）弹性好。用富强纤维制作的衣服比较板正，耐褶皱性比粘胶纤维好。

（4）耐碱性好。富强纤维的耐碱性比粘胶纤维好，因此富强纤维织物在洗涤中对肥皂等洗涤剂的选择就不像粘胶纤维那样严格。

5．醋酸纤维

醋酸纤维包括二醋酸纤维和三醋酸纤维等，是一种酯化纤维素，因此它的燃烧性质完全不同于粘胶等再生纤维素纤维，但因其服用性状与再生纤维素纤维非常接近，因此，还是将它归类于再生纤维素类中。醋酸纤维主要具有以下特点。

（1）良好的热塑性。醋酸纤维在 200 ℃ ~ 230 ℃时软化，260 ℃时熔融，这一特征使醋酸纤维产生塑性变形后形状不再恢复，具有永久变形性。醋酸纤维的成型性好，能美化人体曲线，整体大方优雅。

（2）优良的染色性。醋酸纤维通常可用分散染料染色，且上色性能好，色彩鲜艳，其上色性能优于其他再生纤维素纤维。

（3）外观似桑蚕丝。醋酸纤维的外观光泽与桑蚕丝相似，手感柔软滑爽也与桑蚕丝相似，其比重和桑蚕丝一样，因而悬垂感和桑蚕丝无异样。醋酸纤维织成的织物易洗易干，不霉不蛀，并且弹性优于粘胶纤维。

（4）性能接近桑蚕丝。与粘胶纤维及桑蚕丝的物理机械性能相比，醋酸纤维的强度偏低，断裂伸长率较大，湿强度与干强度的比值虽较低，但高于粘胶纤维。初始模量小，回潮率比粘胶纤维、桑蚕丝低，但比合成纤维高，弹性及恢复率等与桑蚕丝相差不大。因而醋酸纤维在化学纤维中性能最接近桑蚕丝。

（5）醋酸面料不带电，不易吸附空气中的灰尘；干洗、水洗及 40 ℃以下机、手洗均可，克服了丝、毛织面料多带菌、带灰尘只可干洗的弱点，无毛织面料易虫蛀的缺点，易于打理收藏，而且醋酸面料具有毛织面料的回弹性和滑爽的手感，非常适合制作高贵礼服、丝巾等。同时，醋酸面料也可用来代替天然真丝绸，制作各种高档品牌时装里料，如风衣、皮衣、礼服、旗袍、婚纱、唐装、冬裙等，优良的吸湿性能和抗静电性，使得醋酸纤维织物更适合做服装衬里。

（二）再生蛋白质纤维

再生蛋白纤维是由天然蛋白质原料制成的再生纤维。例如，大豆纤维、牛奶纤维等。为了克服天然蛋白质纤维本身性能上的弱点，通常将其与其他高聚物共同接枝或混抽成复合纤维。

1．大豆蛋白纤维

大豆蛋白纤维是以榨过油的豆粕为原料，利用生物工程技术，提取出豆粕中的球蛋白，通过添加功能性助剂，与腈基、羟基等高聚物接枝、共聚、共混，制成一定浓度的蛋白质纺丝液，改变蛋白质空间结构，经湿法纺丝而成。

大豆蛋白纤维有着羊绒般的柔软手感，蚕丝般的柔和光泽，棉般的保暖性和良好的亲肤性等优良性能，还有明显的抑菌功能，被誉为"新世纪的健康舒适纤维"。

（1）大豆蛋白纤维结构。不光滑，表面沟槽导湿。截面呈不规则哑铃型，海岛结构，有细微孔隙，透气导湿。短纤维常规线密度为 1.67 ~ 2.78 dtex，切断长度为 38 ~ 41 mm。

（2）力学性能。大豆蛋白纤维的干态断裂比强度接近于涤纶，断裂伸长率与蚕丝和粘胶纤维的断裂伸长率接近，但变异系数较大。大豆蛋白纤维吸湿之后强力下降明显，与粘胶纤维类似。因此，在纺纱过程中应适当控制其含湿量，保证纺纱过程的顺利进行。

（3）吸湿透气性。大豆蛋白纤维的标准回潮率在 4% 左右，放湿速率比棉和羊毛快，这是影响织物温热舒适性的关键因素。大豆蛋白纤维的热阻较大，保暖性能优于棉和粘胶纤维，具备良好的热湿舒适性。

（4）导电性能。大豆蛋白纤维的电阻率接近于蚕丝，明显小于合成纤维，在抗静电剂适当时，静电不显著，对生产无明显影响。

（5）染色性能。大豆蛋白纤维本色为淡黄色。它可用酸性染料、活性染料染色。尤其是采用活性染料时，其产品色彩鲜艳而有光泽。

由于大豆蛋白纤维是采用聚酰胺和大豆复合纺制而成，面料中大豆蛋白纤维含量超过50%，经常受磨损部位比较容易起毛起球，对服用性能有一定影响；大豆蛋白纤维具有极佳的手感和肌肤触感，柔软舒适和华贵的穿着效果，因此，常用作内衣面料。但大豆蛋白纤维耐酸碱性差，不耐盐，不耐日光，在阳光下长时间暴晒会降低强度，同时会泛黄。

2．牛奶蛋白纤维

牛奶蛋白纤维是以牛奶作为基本原料，经过脱水、脱油、脱脂、分离、提纯，再与聚丙烯腈采用高科技手段进行共混、交联、接枝，制备成纺丝原液，最后通过湿法纺丝成纤的一种长丝纤维。它是一种有别于天然纤维、再生纤维和合成纤维的新型动物蛋白纤维，又叫牛奶丝、牛奶纤维。牛奶蛋白纤维具有以下特点。

（1）断裂强度高，比羊毛、棉、粘胶纤维和蚕丝都好，其断裂伸长率也比棉纤维高，吸湿性比棉纤维也略好，密度低于棉纤维。另外，牛奶蛋白纤维的初始模量和抵抗变形能力也比较好。

（2）耐热性略差，温度达到48 ℃时开始失重，92.7 ℃时有一个热的分解峰，达到149 ℃时，失重可达到4%，因此对牛奶蛋白纤维或织物进行处理时须注意其耐热性。牛奶蛋白纤维的抗静电性也比较差，带上静电之后很难消除，因此在纺纱或织物后整理时，须注意静电因素。

（3）柔软性、亲肤性等同或优于羊绒；透气、导湿性好，爽身；保暖性好，接近羊绒；耐磨性、抗起球性、着色性、强力均优于羊绒。

由于牛奶蛋白中含有氨基酸，皮肤不会排斥这种面料，还会对皮肤有养护作用；牛奶蛋白纤维纯纺织物手感柔软、滑爽、吸湿性好、抗菌消炎。

牛奶蛋白纤维与不同纤维混纺会有不同的作用与用途。例如，牛奶蛋白纤维与棉纤维混纺，可提高织物的柔软性和亲肤性；与羊绒混纺，可改善其质感，制成薄型织物，如牛奶羊绒大衣、内衣、外衣面料等；与麻纤维混纺，可制成外衣、T恤、衬衫等；与合成纤维混纺，可改善合成纤维的吸湿导湿性。

牛奶蛋白纤维综合性能优异，可采用机织、针织、非织造等方式进行纺织。牛奶蛋白纤维具有羊绒般的手感，柔软、舒适、滑糯；纤维白皙，具有丝般的天然光泽，外观优雅，抗日晒牢度、抗汗渍牢度达3～4级。

二、合成纤维

1．涤纶

涤纶纵向平直无卷曲，横向呈圆形。这样的纤维形态使得涤纶纤维制品表面光泽明亮，手感滑爽。涤纶的物理性质包括强度、弹性以及吸湿性三方面。

（1）强度。涤纶纤维强度高，短纤维强度为2.6～5.7 cN/dtex，高强力纤维为5.6～8.0 cN/dtex。

（2）弹性。涤纶纤维弹性接近羊毛，当伸长5%～6%时，几乎可以完全恢复。耐皱性超过其他纤维，即涤纶织物不褶皱、尺寸稳定性好、坚牢耐用、抗皱免烫。

涤纶的化学性质包括耐热性、热塑性、耐光性、耐酸碱性及吸湿性等几方面。

（1）耐热性。涤纶是通过熔纺法制成，成形后的纤维可再经加热熔化，属于热塑性纤维。涤纶的熔点较高，但比热容和导热系数都较小，所以涤纶纤维的耐热性和绝热性较高。

（2）热塑性。涤纶纤维的热塑性好。因为涤纶表面光滑，内部分子排列紧密，所以涤纶织物是合成纤维织物中耐热性最好的，具有热塑性，可制作百褶裙，且褶裥持久。涤纶织物的抗熔性较差，遇烟灰、火星等易形成孔洞。因此，穿着时应尽量避免与烟头、火花等接触。

（3）耐光性。涤纶纤维的耐光性仅次于腈纶，胜过天然纤维织物。尤其是在玻璃后面的耐晒能力很好，几乎与腈纶不相上下。

（4）耐酸碱性。涤纶纤维可耐漂白剂、氧化剂、烃类、酮类、石油产品及无机酸。耐稀碱，不怕霉，但热碱可使其分解。还有较强的抗酸、抗紫外线的能力。

（5）吸湿性。涤纶纤维的吸湿性较差，公定回潮率为 0.5%，因此夏季穿着有闷热感，同时易带静电、沾污灰尘，影响美观和舒适性。不过涤纶制品洗后极易干燥，且湿强几乎不下降，不变形，有良好的洗可穿性能。

涤纶分子链上因无特定的染色基团，而且极性较小，所以染色较为困难，易染性较差，染料分子不易进入纤维。但色牢度好，不易褪色。涤纶纤维是合成纤维中应用面最广的一种纤维，它的服用性能优良，可以制成棉纤维长度、毛纤维长度及长丝等各种状态，能仿棉、仿毛、仿丝及仿麻，并且可以与棉、毛、丝、麻等纤维进行混纺，制成棉型织物、毛型织物、麻型织物及仿丝绸织物，在服装面料市场占有很高的地位。

2．锦纶

锦纶又叫尼龙，用于衣着的锦纶类型有锦纶 6 和锦纶 66 两种，是人类发明的第一种用于服装面料的合成纤维。普通锦纶具有圆形的截面和无特殊的纵向结构。如用异形喷丝板，可制成各种特殊截面形状的锦纶，如多角形、多叶形、中空等异形截面。异形截面的锦纶纤维制品对光的反射具有方向性，会出现闪光效应。

锦纶最突出的优点是耐磨性高于其他所有纤维，比棉花耐磨性高 10 倍，比羊毛高 20 倍，在混纺织物中稍加入一些锦纶，可大大提高其耐磨性；当拉伸至 3% ~ 6% 时，弹性回复率可达 100%；能经受上万次弯折而不断裂。锦纶的强度比棉花高 1 ~ 2 倍，比羊毛高 4 ~ 5 倍，是粘胶纤维的 3 倍。但锦纶的耐热性和耐光性较差，做成的衣服不如涤纶挺括。锦纶还具有弹性高、恢复性好、不易变形、不易褶皱的特点，且耐碱性、防虫蛀及防霉性都很好。此外，由于衣着的锦纶 6 和锦纶 66 都存在吸湿性和染色性差的缺点，为此开发了锦纶的新品种——锦纶 3 和锦纶 4，具有质轻、防皱性优良、透气性好以及耐久性、染色性和热定型性良好等特点，因此被认为是很有发展前途的合成纤维。

锦纶主要用于制作泳衣、内衣、袜子、帐篷、登山包、户外运动服等。

3．腈纶

腈纶的性能与羊毛很接近，所以有"人造羊毛"之称。腈纶手感蓬松，保暖性好。具体特点如下。

（1）在常温强碱作用下，强度无显著变化，但高温低碱作用下，强度会受到损害。耐酸情况相似，在常温高浓度无机酸中稳定，在高温低浓度酸中则会受影响。

（2）耐光性极好。腈纶具有优良的抗日光性能，居所有纤维之首，在强光下曝晒不褪色，强度不下降，是制作窗帘、遮阳伞的常用纤维。

（3）抗氧化性、还原性优良。腈纶纤维有优良的抗氧化性能，在还原剂中也较稳定，方便洗涤且防虫、防霉。

（4）不易褶皱，弹性、手感与羊毛相似，保暖性比羊毛好（适合作为羊毛的代用品，价格实惠）。

（5）耐磨性一般。腈纶的耐磨性在所有纤维中属一般，摩擦后易产生静电，易吸附灰尘。

（6）吸湿性、透气性较差。腈纶吸湿性较差，透气性一般，穿着时会有闷热感，舒适性不好，很易燃烧。

4．维纶

维纶是聚乙烯醇缩醛纤维的商品名称，也叫维尼纶，其性能接近棉花，有"合成棉花"之称，是现有合成纤维中吸湿性最强的品种。

维纶的最大特点是吸湿性好，是合成纤维中最好的，吸湿率为4.5%～5%，强度比涤纶差，稍高于棉花，高于羊毛；化学稳定性好，不耐强酸，耐碱；耐日光性与耐气候性也很好，但它耐干热而不耐湿热，耐热水性不够好，弹性较差，织物易起皱，染色性较差，色泽不鲜艳。在一般有机酸、醇、酯及石油等溶剂中不溶解，不易霉蛀，在日光下暴晒强度损失不大。

5．丙纶

丙纶是丙烯作原料经聚合、熔体纺丝制得的纤维，是聚丙烯纤维的商品名称。丙纶的纵面平直光滑，截面呈圆形。丙纶的具体特点如下。

（1）密度小。丙纶的密度仅为$0.91\ \mathrm{g/cm^3}$，是常见化学纤维中密度最小的品种，所以同样重量的丙纶可比其他纤维得到较高的覆盖面积。

（2）强伸性。丙纶的强度大，伸长率大，初始模量较高，弹性优良，因此耐磨性好。此外，丙纶的湿强度基本等于干强度，所以它是制作渔网、缆绳的理想材料。

（3）吸湿性和染色性差。丙纶几乎不吸湿，一般大气条件下的回潮率接近于零。但丙纶的芯吸能力强，能通过织物中的毛细管传递水蒸气，但本身不起任何吸收作用。丙纶的染色性较差，色谱不全，但可以采用原液着色的方法来弥补不足。

（4）耐酸、碱性较好。丙纶有较好的耐化学腐蚀性，除了浓硝酸、浓氢氧化钠外，丙纶对其他酸和碱的抵抗性能良好，所以适于用作过滤材料和包装材料。

（5）耐光性较差。丙纶耐光性较差，热稳定性也较差，易老化，不耐熨烫。

（6）强度高。丙纶强度仅次于锦纶，但价格却只有锦纶的1/3；制成织物尺寸稳定，耐磨性也不错。丙纶常用于制作地毯。

6．氯纶

氯纶是聚氯乙烯纤维的商品名称，是由聚氯乙烯或其共聚物制成的一种合成纤维。氯纶的纵面平滑或有1～2根沟槽，截面接近圆形。氯纶的具体特点如下。

（1）燃烧性差。由于氯纶的分子中含有大量的氯原子，所以具有难燃性，氯纶离开明火后会立刻熄灭，这种性能在国防上具有特殊的用途。

（2）强伸性。氯纶的强度接近于棉，断裂伸长率大于棉，弹性比棉好，耐磨性也强于棉。

（3）吸湿性和染色性差。氯纶的吸湿性极小，几乎不吸湿。氯纶染色困难，一般只可用分散性染料染色。

（4）化学稳定性好。氯纶耐酸碱、氧化剂和还原剂的性能极佳，因此，氯纶织物适宜作工业滤布、工作服和防护用品。

（5）保暖性好、耐热性差。氯纶重量轻，保暖性好，适于做潮湿环境和野外工作人员的工作服。此外，氯纶的电绝缘性强，易产生静电，且耐热性能差，在60 ℃～70 ℃时开始收缩，到100 ℃时分解，因此在洗涤和熨烫时必须注意温度。

7．氨纶

氨纶是一种弹性纤维，能够拉长6～7倍，张力消除后能迅速恢复到初始状态，强度比乳胶丝高2～3倍，线密度也更细，并且更耐化学降解。氨纶的耐酸碱性、耐汗、耐海水性、耐干洗性、耐磨性均较好。具有独特的高伸长性、高弹性，吸湿性差。氨纶一般用于专业运动服、健身服及锻炼用服装、潜水衣、游泳衣、比赛用泳衣、篮球服、滑雪裤、牛仔裤、休闲裤、袜子、护腿、尿布、紧身裤、带子、内衣、连体衣、贴身衣、男性芭蕾舞演员用的绑带、外科手术用防护衣、后勤部队用防护衣、骑单车用短袖、摔跤背心、划船用套装、表演服、定性服装等。

氨纶用在一般衣服上的比率较小。在北美，用在男性衣服上很少，用在女性衣服上较多；因为女性的衣服都要求比较贴身，在使用时都会大量加入其他纤维如棉、聚酯混纺，提高其舒适度。但氨纶一般不单独使用，而是少量地掺入织物中；清洗时须避免加入漂白剂，以免损害纤维令衣物变黄。

思考与训练

1. 为什么棉纤维织物容易起皱？
2. 为什么麻纤维适合做餐巾和桌布？
3. 毛纤维织物为什么会毡缩？
4. 再生纤维素纤维最大的优点是什么？
5. 合成纤维的共性有哪些？

第三章
纱线

知识目标

了解纱线的基本概念；
掌握花式纱线的特点。

能力目标

能够通过纱线的特点，分析织物的性能。

第一节　纱线的基本概念

一、纱线的定义

纱线是指"纱"和"线"的统称。"纱"是将短纤维或长丝排列成近似平行状态，并沿轴向旋转加捻，制成的具有一定强度和细度的细长物体；而"线"是由两根或两根以上的单纱捻合而成的股线。

二、纺线的手段

纤维在加工过程中，纤维条绕自身轴线回转，相互缠绕，相互抱合成纱，这一过程称为加捻，加捻是使纤维条成为线的必要手段。

三、纱线的捻度和捻向

（1）捻度。纱线加捻程度大小叫捻度，是指纱线单位长度内的捻回数（一个捻回即纱线绕自身轴线回转一圈），是表示纱线性质的重要指标之一，通常短纤维纱的单位长度是 10 cm，长丝取 1 m，英制单位中，单位长度取 1 英寸（1 英寸 =2.54 厘米）。

（2）捻向。纱线加捻过程中，回转方向有 Z 形合 S 形两种，如图 3-1 所示。

捻度是决定纱线基本性能的重要因素，它与纱线强度、刚软性、弹性、缩率等有着直接的关系，另外还影响到纱线的光泽以及纱线表面的光洁程度等。捻度不同，对纱线性能的影响不同，用途也不同。捻度的大小还影响织物的厚度、强度和耐磨性，同时也影响面料的手感和风格；不同捻向的配合则直接影响面料的表面风格。因此，捻度与捻向的概念是纺纱过程中很重要的两个指标。

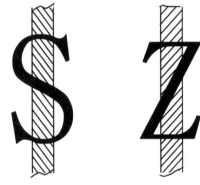

图 3-1　纱线捻向

第二节　　纱线的规格表示及纱线结构对织物的影响

一、纱线规格表示

纱线的规格应标明纱线的粗细、是否加捻、所加捻度大小以及捻向、合并股数。对纱线的细度、捻度、捻向和并合股数的表示，国家标准都有明确的规定，并统一使用特克斯（tex）。

单纱表示方法：特数 +Tex+ 捻向 + 捻度。

如：40 tex Z6610，表示单纱细度为 40tex，捻向为 Z 捻，捻度为 10cm 内 660 捻。

股线表示方法：特数 +tex+ 单纱捻向 + 单纱捻度 × 并合股数 + 并合捻向 + 并合捻度。

如 34tex S600×2Z400，即表示号数为 34 号的单纱，捻向为 S 向，捻度为 600 捻 /10 cm，经过并捻，并合数为二，并合捻向为 Z 向，并合捻度为 660 捻 /10 cm。

一般情况下不要求捻向时，股线表方法为：

股线的特数 = 组成股线的单纱特数 × 合股数

例如：14.5×2 tex 表示由 32 Tex 的单纱二合股制成的股线。

如果股线合股的单纱细度不同时，股线特数用单纱特数相加来表示。例如：14.5+19.4 tex 表示由细度为 14.5 tex 和 19.4 tex 的单纱合股而成的股线。

二、纱线结构对织物的影响

纱线的结构在很大程度上影响纱线的外观和特性，从而影响织物的外观、手感、舒适性及耐用性能等。具体表现在以下方面。

1．对织物外观的影响

织物表面光泽的影响因素主要有纤维性质、织物组织结构、织物密度以及后期整理加工，也会受纱线结构的影响。

一般来说，普通长丝织物表面光滑、明亮、平整、均匀；短纤维织物表面绒毛丰满、光泽柔和；短纤维织物随着纱线捻度的增加，表面会变得平整而光洁，但当捻度增加到一定值后，则会使纱线表面平整度下降，光泽也随之下降，亮度减弱。

纱线捻向也同样影响织物的外观，如平纹织物，当经、纬纱采用不同捻向进行织造时，织物表面反光性一致，光泽好，织物松软厚实；斜纹织物中如华达呢，当经纱采用 S 捻，纬纱采用 Z 捻时，则经、纬纱捻向与斜纹方向垂直，因而纹路清晰；又如花呢，当若干根 S 捻、Z 捻纱线相间排列时，织物表面会产生隐条、隐格效应；当 S 捻与 Z 捻纱或捻度大小不同的纱线捻合在一起织成织物，表面则会呈现波纹效应。

当单纱捻向与股线捻向相同时，纱线中纤维倾斜程度大，光泽较暗淡，股线结构不平衡，容易产生扭结；而当单纱捻向与股线捻向相反时，股线柔软，光泽好，结构均匀，故多数织物中的纱线采用的都是单纱与股线异向，即单纱为 Z 捻，股线为 S 捻，这种纺织方法可以使股线结构均衡稳定，强度较高。

2．对织物手感的影响

随着纱线捻度的增加，纱线结构紧密度增加，织物手感也越来越挺括。夏季服装一般采用高捻度纱织造，使织物有凉爽感，低捻度的纱蓬松而柔软，适宜做冬季服装及婴幼儿服装。单纱与股线异向捻的纱线比同向捻的纱线手感松软。

3．对舒适性的影响

纱线的结构特征与服装的保暖性有一定关系，因为纱线的结构决定了纤维间能否形成静止的空气层。纱线结构蓬松，织物中的空隙较多，形成空气层，无风时，静止空气较多，保暖性较好；而有风时，空气能顺利通过纱线，所以凉爽性较好。对于结构紧密的纱线，其织成的织物结构也相对较为紧密，因此空气流动受到阻止，保暖性就较好；而结构过于紧密时，织物中滞留的空气减少，即静止空气减少，则保暖性就差。

纱线的吸湿性取决于纤维特性和纱线结构。如长丝纱光滑，织物易贴在身上，如果织物比较紧密，湿气就很难渗透织物。短纤维纱线表面有绒毛，能减少面料与皮肤的接触，改善了透气性，使穿着舒适。

4．对耐用性的影响

（1）纱线的拉伸强度、弹性和耐磨性等影响服装的耐用性，均受纱线结构的影响。

（2）纱线结构对起毛起球性能的影响：长丝纱中一根纤维断裂后，一端仍附在纱中，断裂一端自身卷曲，受摩擦起球；混纺短纤纱线抱合力差，容易脱出。

（3）对短纤纱施加一定外力，短纤从卷曲到被拉直，取消外力其可恢复弹性；而在短纤被拉直后继续对其加力，则短纤会滑移或滑脱，这时取消外力就会产生不可恢复变形；对长丝纱施加外力，由于其本身不卷曲，延伸程度取决于纤维的性能，因此其弹性较小。捻度对弹性也有较大影响。捻度大的纱线，纤维间摩擦也较大，因此在弹性范围内，其不易被拉伸，弹性相对较差；而捻度小的纱线，纤维间摩擦力较小，相对较易被拉伸，弹性较好。

第三节　花式纱线的品种与风格

一、变形纱线

变形纱线是指化学原丝在热和机械作用下，经过变形加工具有卷曲、螺旋、环圈等外观特性并呈现蓬松性、伸缩性的特殊纱线。变形纱线包括高弹变形丝、低弹变形丝、空气变形丝、网络丝等。

未经变形的纱线具有挺直、光滑的外观，表面无毛羽，不蓬松，不透气，手感光滑，经变形处理后，长丝会形成各种弯曲或卷曲的形状，这样不仅改变了纱的外观，而且还改善了纱的吸湿性、透气性、柔软性、弹性和保暖性。这是因为卷曲的外形有利于在纱中形成空气层，增加了保暖性。纱线越蓬松、越柔软，其保暖性越好。变形处理使单纤之间处于分离状态，微风可以透过由变形纱织成的面料，从而加强热交换和湿气的蒸发，有助于提高服装舒适性。变形处理后的纱线，表面蓬松而卷曲，使织物与人体之间形成点接触，接触面积减小，不紧贴皮肤，而且手感柔软，覆盖性好，织物表面光泽下降，形成柔和自然的外观效应，给人以天然纤维的视觉感。总之，变形纱可大大提高合成纤维长丝的外观和服用性能。

二、花式纱线

花式纱线是指在纺纱和制线过程中采用特种原料、特种设备或特种工艺对纤维或纱线进行加工而得到的具有特种结构和外观效应的纱线，是纱线产品中具有装饰作用的一种纱线。几乎所有的天然纤维和常见化学纤维都可以作为生产花式纱线的原料，花式纱线可以采用蚕丝、榨丝、绢丝、人造丝、棉纱、麻纱、合纤丝、金银线、混纺纱、人棉等作原料。各种纤维可以单独使用，也可以相互混用，取长补短，充分发挥各自固有的特性。

花式纱线相对于普通纱线而言有着各种分布不规则的截面，且结构、色泽各异，或者说它是将纺纱生产中的瑕疵扩大化，以某种特殊的花型规律呈现，自20世纪70年代发展到今天已是一种自成一派的特殊纱线。

花式纱线一般由三部分组成，其一芯线，亦称基线，它被包在花式纱线的中间，是构成花式纱线的主要成分；其二饰线，包在芯线外面，是构成花式纱线外观的主要部分，占花式纱线整个组成部分的2/3以上，整个纱线的风格、色彩、外型、手感、弹性、舒适感等主要由它决定；其三固线，包在饰线的外面且紧固在花式纱线的轴心线上，用于固定纱线。

新型花式纱线的特点是原料上多元复合，组合各种天然和化学纤维，不仅使产品形态丰富多彩，而且功能互补，提高了结构的稳定性及实用性；造型上设计交替复合，打破了原来一"结"到底或一"圈"到头的局面，有效地增强了纱线的立体感和波动感；色彩上运用技艺复合，把技术与艺术完美结合体现，将流行元素传递始终，它是花式纱线产品开发的主要内容。花式纱线具有不同的特点，如表面风格、支数、颜色或色彩搭配、原料、捻向等。目前在织物中运用较多的有超喂型花式纱线，它的织造原理是饰线大于芯线的送线速度，且罗拉送线速度不变，其产品如波形线、小辫纱、圈圈纱等，超喂型花式纱线一般都具有轻、松、软的特点；其二是控制型花式纱线，它的罗拉送线速度是变速的，且不同种类的花型用不同的变速，这种纱线的特点是立体感强，如结子线、毛虫线、竹节线、大肚纱等；再有一类是特种花式纱线，如雪尼尔立绒线、羽毛绒、彩点纱等。

花式纱线织物近年来非常流行，花式纱线的应用范围广泛，包括家纺织品、室内装饰、家具装饰、服装面料、编结物、围巾、花色帽等。用花式纱线织造的织物有有机织物和针织物，它们一般具有美观、新型、高雅、舒适、柔软、别致的特点。粗细不同、风格各异的花式纱线有机结合，在面料中有起点缀、勾勒作用的，有作色彩渲染的，有改变表面风格的，有缔造特殊手感的。采用花式纱线织制的男女时装面料已越来越被人们所注意，特别是在欧洲一些国家，显得更为时髦。由于其流行时间短，所以在流行当期就更显新奇，更引人重视，给人眼前一亮的感觉。花式纱线包括结子纱、雪尼尔纱、竹节纱等多种类型的纱线。

1．结子沙

饰纱在同一处作多次捻回缠绕，如图 3-2 所示。

2．雪尼尔纱

雪尼尔纱又称绳绒，它是用两根股线作芯线，通过加捻将羽纱夹在中间纺制而成的，如图 3-3 所示。雪尼尔纱可以制成沙发套、床罩、床毯、台毯、地毯、墙饰、窗帘帷幕等室内装饰品。

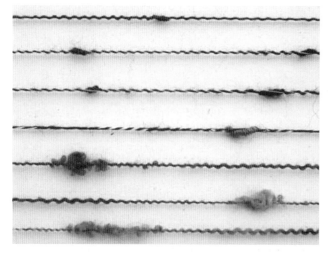

图 3-2　结子纱　　　　　　　　　　　　　　　图 3-3　雪尼尔纱

3．竹节纱

竹节纱是花式纱线中种类最多的一种，包括粗细节状竹节纱、疙瘩状竹节纱、短纤维竹节纱、长丝竹节纱等。竹节纱的纱线忽细忽粗，有一节叠出的称竹节，而竹节可以规则分布，也可以不规则分布，如图 3-4 所示。

4．圈圈纱

圈圈纱一般由芯线、压线（有时也叫加固线）、饰线三部分组成。芯线和压线经常采用化纤长丝或是腈纶一类的毛纺原料做成的纱线，饰线是在花捻机上起圈圈的部分，可以是各种毛纺原料的纱线，也可以是棉纺粗纱。圈圈纱的成品线上有规则的圈圈效果，因此而得名，如图 3-5 所示。

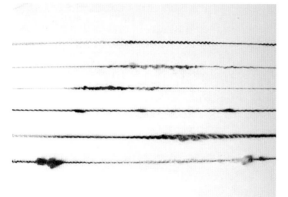

图 3-4　竹节沙　　　　　　　　　　　　　　　图 3-5　圈圈沙

5. 睫毛纱

睫毛纱是由于纤维尾端伸出纱的表面如同睫毛而得名。由这样的纱线制成的面料表面犹如覆盖着柔顺的毛羽，同时增加了织物的质感，使其具有鲜明的外观效果和丰富的色彩，如图3-6所示。

6. 桑子纱

桑子纱是花式纱线的一种，其花式效果来源于其结构。桑子纱外形为柔软、圆润并且稍长的纱球，与成熟的桑葚外观极其相像，因此被命名为"桑子纱"，其外形如图3-7所示。

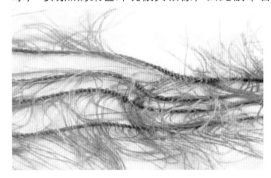

图 3-6　睫毛纱　　　　　　　　　　　　　　　　　图 3-7　桑子纱

7. 羽毛纱

羽毛沙是在国内市场崭露头角的一种花式纱线，其结构由芯线和饰线组成，羽毛按一定方向排列。其工艺主要由针织和割绒组成，即"一针一刀"，从而形成单针织成的芯线以及中段被芯线握持和两头被割刀切断的羽毛纱，如图3-8所示。羽毛沙的羽长自然竖立，光泽好，手感柔软。由于羽毛有方向性，织物除光泽柔和外，布面显得丰满，极具装饰效果，且羽毛纱优于其他绒毛类纱线的是不易掉毛；同时，其服用性能好，保暖性强，宜在衣、帽、围巾、袜子、手套的制作上大量使用。

8. 大肚纱

大肚纱是指毛纺成品线中一根纱上一截粗一截细的纱线，如图3-9所示，是毛纺成品纱的外观瑕疵之一。大肚纱的横截面粗于正常纱3倍以上，长度为2~10 cm，呈枣核形。大肚纱的形成具体有如下因素。

（1）等长纤维集中未牵伸开产生集束。

（2）纤维发黏，梳理牵伸不开。

（3）前罗拉压力不足。

（4）中间摩擦力过强，控制力过大。

（5）皮辊太薄或开裂、失去弹性等。

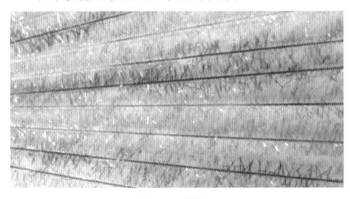

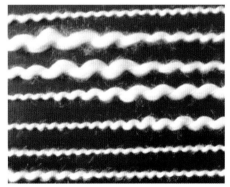

图 3-8　羽毛沙　　　　　　　　　　　　　　　　　图 3-9　大肚纱

另外，花色股线和螺旋花线等也同属于花式纱线，它们的具体组成如表 3-1 所示。

表 3-1　其他花式纱线的组成

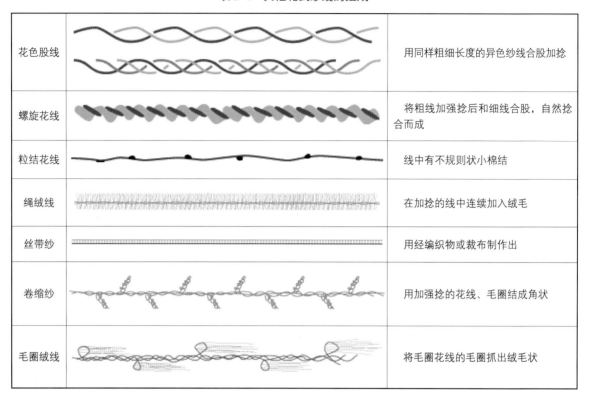

花色股线		用同样粗细长度的异色纱线合股加捻
螺旋花线		将粗线加强捻后和细线合股，自然捻合而成
粒结花线		线中有不规则状小棉结
绳绒线		在加捻的线中连续加入绒毛
丝带纱		用经编织物或裁布制作出
卷缩纱		用加强捻的花线、毛圈结成角状
毛圈绒线		将毛圈花线的毛圈抓出绒毛状

思考与训练

1. 什么是捻度、捻向？它们分别对织物有什么作用？
2. 纱线细度如何表示？
3. 不同纤维混纺的目的是什么？
4. 纱线结构对织物有哪些影响？
5. 精纺纱与粗纺纱有什么不同？
6. 选用缝纫线时应注意哪些问题？
7. 调查市场上由花式纱线制成的纺织品的种类，分析花式纱线的主要用途。

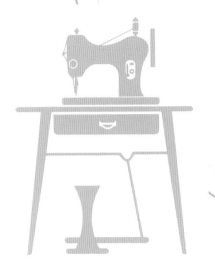

第四章 织物

了解织物的分类、结构；

掌握机织物、针织物的结构特点。

能够根据织物的结构参数、织物组织以及结构特点进行面料分析。

第一节　织物的基本概念及用途

一、织物的基本概念

1. 织物

织物是用天然纤维或合成纤维为原料，按照一定方法制成的，具有一定几何尺寸和一定力学性能的片状物，各种服装面料和辅料及制成品均属于织物范畴。作为服装面料的织物必须具有实用、舒适、卫生、装饰等基本功能，能够满足人们生活、工作、休闲、运动等多方面的需要，同时，能维持人体的热平衡，使人体能够适应气候变化。

2．织物组织

织物中经、纬纱相互交错、上下沉浮的规律称为织物组织。织物中纵向排列的纱线称为经纱，横向排列的纱线称为纬纱。

3．组织点

经纱与纬纱交织的交叉点称为组织点。凡经纱浮在纬纱上面的组织点称为经组织点（经浮点）；凡纬纱浮在经纱之上的组织点称为纬组织点（纬浮点）。

4．组织循环或完全组织

当经组织点和纬组织点浮沉规律达到循环时称为一个组织循环或一个完全组织。构成一个组织循环的经纱数用 Rj 表示，构成一个组织循环的纬纱数用 Rw 表示。

5．织物组织点飞数

为了解织物组织的构成和表示织物组织的特点，常用组织点飞数来表示织物组织中相应组织点的位置关系，与织物组织循环纱线数一样，同样是织物组织的参数。组织点飞数用符号"S"表示。沿经纱方向计算相邻两根经纱上对应的两个组织点间的组织点数称为经向飞数，以"Sj"表示；沿纬纱方向计算相邻两根纬纱上对应的两个组织点间的组织点数称为纬向飞数，以"Sw"表示。

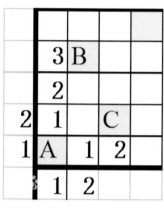

图 4-1

即在完全组织中，同一系统的相邻两根纱线上，相应的经（纬）组织点间的组织点数称为飞数，又分为经向飞数和纬向飞数。在图4-1中，在 1、2 两根相邻的经纱上，经组织点 B 对于相应的经组织点 A 的飞数是：Sj=3；同理，在 1、2 两根相邻的纬纱上，经组织点 C 对于相应的经组织点 A 的飞数是：Sw=2。飞数有正负之分，沿经纱向上为 +S，向下为 -S；沿纬纱向右为 +S，向左为 -S。

6．组织图

组织图一般用方格法来表示，黑色的为经组织点，白色的为纬组织点，只需绘出一个组织循环。

二、织物的用途

织物按其制成方法可分为机织物、针织物（图 4-2）、编织物和非织造布四大类。其中机织物又称梭织物，它坚牢耐穿，外观挺括，广泛用作各类服装的面料，特别适用于制作外衣；针织物富有弹性、柔软适体，适合制作内衣，因针织物悬垂性良好，也是外衣的优良面料；编织物普遍用于装饰、家居制品；非织造布用途广泛，从服装辅料到农业生产都有非织造布的应用。

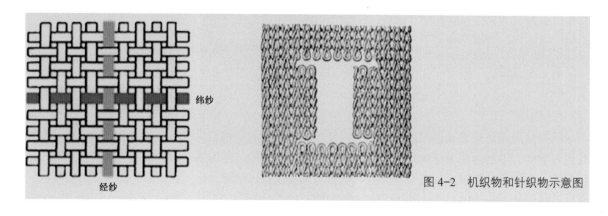

经纱

纬纱

图 4-2　机织物和针织物示意图

第二节　织物的技术参数

织物的技术参数通常包括织物的密度和紧度、织物幅度、织物匹长，以及织物单位面积重量和织物厚度等。

一、织物的密度和紧度

1. 织物的密度

织物沿纬向或经向单位长度内经纱或纬纱排列的根数称为织物的经纱密度或纬纱密度。单位用根 /10 cm 来表示。一般以经密 × 纬密表示织物的密度。如 236×220，表示经密为 236 根 /10 cm，纬密为 220 根 /10 cm。

织物密度大小是根据其用途、品种、原料、结构等因素决定的。对于同样粗细的纱线和相同的组织，经、纬密度越大，则织物越紧密。

2. 织物的紧度

织物的紧度是织物规定面积内经、纬纱所覆盖面积（扣除经、纬纱交织点的重复量）与织物规定面积的百分比。织物紧度包含经纱紧度和纬纱紧度。

（1）经纱紧度。织物规定面积内经纱覆盖面积与织物规定面积的百分比。

（2）纬纱紧度。织物规定面积内纬纱覆盖面积与织物规定面积的百分比。

织物紧度数值越大，织物越紧密。织物紧度与织物中纱线细度以及经、纬向密度也有关。

二、织物幅宽

织物沿其纬纱方向量取两侧布边间的距离称为幅宽（cm），它是指织物经自然收缩后的实际宽度。为了提高面料利用率、便于服装裁剪、提高生产效率，纺织面料在加工过程中逐渐向宽幅发展，无梭织机的普及使得幅宽可达 300 cm 以上。

常见棉织物幅宽一般为 80 ~ 120 cm 和 127 ~ 168 cm，最大幅宽可达 300 cm。

毛织物幅宽一般有 144 cm 和 150 cm 两种；丝织物的幅宽一般为 70 ~ 72 cm、90 ~ 92 cm、112 ~ 114 cm 和 142 ~ 144 cm。

三、织物匹长

织物的匹长一般以米（m）来表示，不同的织物在织造时，由于织机经轴卷装容量的关系，下机长度有一定的限制，因此，在批量采购面料时，须知道面料的匹长。棉织物的匹长一般为 30 ~ 50 m，精纺毛织物的匹长一般为 60 ~ 70 m，粗纺毛织物的匹长一般为 30 ~ 40 m，丝织物的匹长一般为 28 ~ 45 m。

四、织物单位面积重量

织物单位面积重量通常用来描述织物的厚度，以每平方米克重（g/m²）来计量。织物的单位面积重量分为薄型、中厚型或厚型。薄型织物轻薄光洁、手感柔软滑爽、透气性好，常用于制作夏季服装或内衣；厚型织物厚实保暖、坚牢、刚性较大，适于制作冬季服装。

棉织物的重量大多为 70 ~ 250 g/m²；精纺毛织物中，重量在 195 g/m² 以下的属于薄型织物，适合制作夏季服装；重量为 195 ~ 315 g/m² 的属于中厚型织物，适合制作春秋季服装；重量在 315 g/m² 以上的属于厚型织物，适合制作冬季服装。另外，目前市场上丝绸织物的单位面积重量单位用姆米（m/m）表示。

姆米数与平方米克重的换算方法是：姆米数 = 平方米克重 /4.3 056，或者平方米克重数 = 姆米数 ×4.3 056。例如，重量是 16 姆米的丝绸面料，换算成平方米克重为 16×4.3 056 ≈ 68.9 g/m²。随着人们生活水平的提高，人们要求服装更加轻薄，穿起来更舒适。因此，对轻薄、厚重的概念也发生了相应的变化，原来的薄型织物变得更加轻薄，而原来的一些厚型织物也在向轻薄方向发展。

五、织物厚度

织物的厚度是指在一定压力下，织物正反面之间的距离，通常以毫米（mm）为单位，它与织物的体积重量、蓬松度、刚柔性等有关，直接影响服装风格、保暖性、透气性、悬垂性等。由于厚度指标不便于测量，在生产实践中一般不使用这一指标。织物的厚度可分为薄型、中厚型和厚型三类，如表 4-1 所示。

表 4-1　棉、毛型织物厚度　　　　　　　　　　　单位：mm

织物类别	棉型织物	精梳毛织物	粗梳毛织物
薄型	0.24 以下	0.40 以下	1.10 以下
中厚型	0.24 ~ 0.40	0.40 ~ 0.60	1.10 ~ 1.60
厚型	0.40 以上	0.60 以上	1.60 以上

第三节　织物的组织结构及特点

一、机织物的组织结构及特点

原组织是机织物中最简单、最基本的组织，是构成各种变化组织、花式组织的基础。其每根经纱或纬纱上只有一个（经纬）组织点，组织循环经纱数和组织循环纬纱数相等，飞数为常数。原组织包括平纹、斜纹和缎纹三种组织。在原组织的基础上，经过变化和组合，又生成了变化组织、联合组织和复杂组织。

1. 平纹组织

由经纱和纬纱一上一下相间交织而成的组织称为平纹组织。

平纹组织是所有织物组织中最简单的一种。平纹组织在一个组织循环内是由两根经纱和两根纬纱进行交织，所以有两个经组织点和两个纬组织点。因为经组织点 = 纬组织点，所以平纹组织为同面组织。平纹组织的参数为：Rj=Rw=2；Sj=Sw=±1。如图 4-3 所示为平纹组织示意图，如图 4-4 所示为平纹组织结构图。

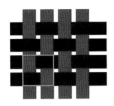

平纹组织结构示意图
■ 表示经纱
■ 表示纬纱
□ 表示基本循环单元

图 4-3   平纹组织示意图

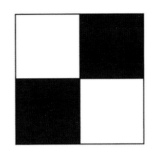

图 4-4   平纹组织结构图

此外，平纹组织还具有如下特点：在所有织物组织结构中，平纹组织织物交织点最多，纱线屈曲最多，浮线长度最小，所以其织物坚牢、耐磨，手感较硬，不易勾丝，正反面外观效果相同，但花纹单调，弹性小，光泽较差。平纹组织中，由于纱线不易靠紧，故在相同规格下，与其他组织织物相比轻薄许多。

当采用不同粗细，不同经、纬密度以及不同捻度、捻向、张力、颜色的纱线时，就能织出呈现横向凸条纹、纵向凸条纹、格子花纹、起皱、隐条、隐格等效果的平纹织物，若采用各种花式纱线，还能织出外观新颖的织物。

平纹组织的典型织品包括棉型织物中的平布、府绸、泡泡纱、巴厘纱、绒布、帆布等；毛型织物中的凡立丁、派力司、法兰绒、粗花呢等；丝类中的纺类、双绉、乔其纱等；麻型织物中的麻平布、夏布等。

2. 斜纹组织

相邻经（纬）纱上连续的经（纬）组织点构成连续斜线的组织称为斜纹组织。由三根或三根以上的经（纬）纱组成一个完全组织。如图 4-5 所示，斜纹组织用分式符号＋箭头表示，分子表示经组织点，分母表示纬组织点，箭头表示斜纹方向。经、纬向飞数均为 1。斜纹组织分为单面斜纹和双面斜纹，原组织中的斜纹均为单面斜纹。斜纹组织的参数为

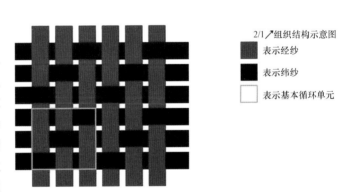

2/1↗组织结构示意图
■ 表示经纱
■ 表示纬纱
□ 表示基本循环单元

图 4-5   斜纹组织示意图

$$R_j = R_w \geqslant 3 \qquad S_j = S_w = \pm 1$$

图 4-6 所示为各斜纹组织示意图，其中图甲为两上一下右斜纹，图乙为一上两下右斜纹，图丙为三上一下右斜纹，图丁为三上一下左斜纹。

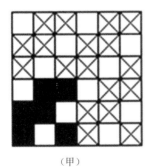

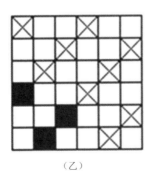

（甲）   （乙）   （丙）   （丁）

图 4-6   各斜纹组织示意图

另外，斜纹组织还具有以下特点：斜纹组织织物经、纬纱交织次数较平纹组织少，组织中不交错的经、纬纱容易靠拢，单位长度内纱线可以排得较多，因而增加了织物的厚度与密度。斜纹组织交织点少，故织物表面光泽度高，手感较松软，弹性较好，抗皱性能较好，具有良好的耐用性能，但耐磨性、坚牢度不及平纹组织。其表面的斜纹线可根据选择的捻向和经、纬密度比值而达到清晰明显或纹路饱满突出、均匀平直的效果。

斜纹组织的典型织品包括牛仔布、哔叽、华达呢、卡其、美丽绸等。

3. 缎纹组织

缎纹组织是原组织中最复杂的一种组织。这种组织的特点在于相邻两根经纱或纬纱上的单独组织点相距较远，并且所有的单独组织点分布有规律且不连续。这些单独组织点分布均匀，并为其两旁的另一系统纱线的浮长所遮盖，在织物表面都呈现经或纬的浮长线。因此，布面平滑匀整，富有光泽，质地柔软。缎纹有经面缎纹与纬面缎纹之分。组织循环通常用"枚"来作单位。如组织循环数为 5，则称为 5 枚缎。织物表面显示经纱效应称为经面缎，显示纬纱效应则称为纬面缎。一个缎纹组织的组织循环纱线数至少为 5 根（5、8 用得最多），也称作枚数，飞数大于 1 而小于完全组织纱线数。读作几枚几飞经面缎纹或几枚几飞纬面缎纹。

缎纹组织的参数为：① R ≥ 5（6 除外）；② 1<S<R-1，且为一个常数；③ R 与 S 必须互为质数。图 4-7 所示为五枚二飞经面缎纹组织示意图，图 4-8 所示为八枚三飞纬面缎纹组织结构图。

缎纹组织结构示意图
■ 表示经纱
■ 表示纬纱
□ 表示基本循环单元

图 4-7　五枚二飞经面缎纹组织示意图

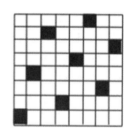 

图 4-8　八枚三飞纬面缎纹组织

另外，缎纹组织还具有以下特点：缎纹组织是三原组织中交错次数最少的一类组织，因而有较长的浮线浮在织物表面，造成该织物易勾丝、易磨毛和磨损，从而降低其耐用性能。由于缎纹组织交错次数最少，因此纱线间易靠拢，织物密度增大。通常缎纹组织织物比平纹组织织物和斜纹组织织物更厚实，且质地柔软，悬垂性好。缎纹组织织物因为具有较长的浮线浮于织物表面，更易对光线产生反射，所以织物表面更富有光泽，平整光滑。缎纹组织正、反面差异非常显著，且组织循环越大差异越大。

缎纹组织的织品包括贡缎、软缎、绉缎、桑波缎、织锦缎等。

4. 变化组织

原组织是构成织物组织的基础，在这个基础上变化某些条件，如组织循环数、浮长等，产生出的各种新型组织结构，称为变化组织。变化组织分为平纹变化组织、斜纹变化组织和缎纹变化组织。

（1）平纹变化组织：平纹变化组织分为重平组织和方平组织两种，具体内容如下所述。

① 重平组织。由于平纹组织沿经（纬）向延长组织点，致使织物表面有横凸（纵凸）条纹，常用

于布边组织、面料中的麻纱。沿经向延长组织点所形成的组织称为经重平组织；沿纬向延长组织点所形成的组织称为纬重平组织。经重平组织表面呈现横凸条纹；纬重平组织表面呈现纵凸条纹。随着经、纬纱粗细变化，凸纹效果更加明显。当重平组织中的浮长长短不同时形成的组织称为变化重平组织，传统的麻纱织物就是采用这种组织。如图4-9所示为经重平组织织物外观模拟图，图4-10所示为纬重平组织织物外观模拟图。

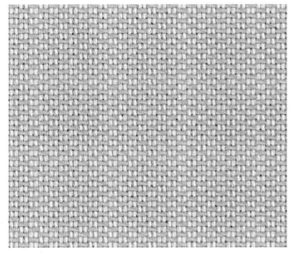

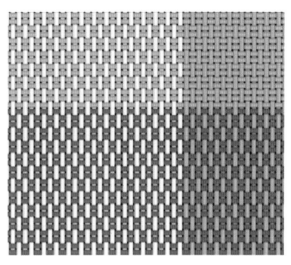

图4-9   经重平组织织物外观模拟图   图4-10   纬重平组织织物外观模拟图

②方平组织。在平纹组织上沿经、纬向同时延伸其组织点，并把组织点填成小方块。方平组织织物外观呈现板块席纹，结构较为松软，有一定的抗皱性能，悬垂性好，但易勾丝，耐磨性不如平纹组织。棉织物中的牛津布、花呢中的板司呢等都是采用方平组织。图4-11所示为各种方平组织织物外观模拟图。

（2）斜纹变化组织。斜纹变化组织通过多种变化与组合可以得到变化外观效果，如改变斜纹方向、

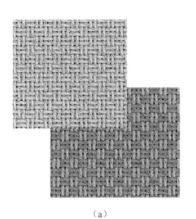

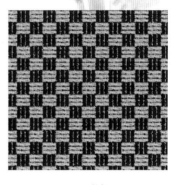

（a）   （b）

图4-11   各种方平组织织物外观模拟图

（a）2/2方平组织外观模拟图；（b）3/3方平组织外观模拟图

变化斜纹线与纬纱间的角度、增加一根组织循环内的斜纹线等，再配合纱线颜色、结构上的变化，效果更加明显。

①加强斜纹组织。以斜纹组织为基础，增加经（纬）组织点而成。用于制造华达呢、双面卡其及斜纹组织的花边。

②复合斜纹组织。是指具有两条或两条以上粗细不同、由经组织点或纬组织点构成的斜纹线组成的变化斜纹组织，如图4-12所示。采用这种组织的有巧克丁等。

③角度斜纹组织。角度斜纹组织中织物表面的倾斜角度是由飞数大小和经、纬纱密度的比值决定的。当经、纬纱密度相同时，若斜纹线与纬纱的夹角为45°，该斜纹为正斜纹；若斜纹线与纬纱的夹角不等于45°，便称为角度斜纹。当斜纹角度大于45°时为急斜纹，小于45°时为缓斜纹。织物中，急斜纹应用较多，毛呢面料中的马裤呢就是急斜纹组织，如图4-13所示。

④山形斜纹组织。山形斜纹组织是指改变斜纹线方向，使其一半向右倾斜一半向左倾斜，从而在织物表面形成对称的连续山形斜纹，如图4-14所示。花呢中的人字呢就是采用的这种组织结构。

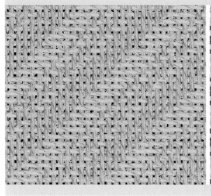

图 4-12　复合斜纹组织外观模拟图

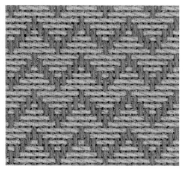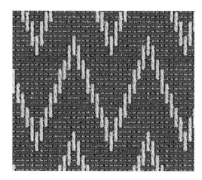

图 4-13　急斜纹组织外观模拟图　　　　图 4-14　山形斜纹组织外观模拟图

⑤破斜纹组织。在山形斜纹改变斜纹方向处，组织点不连续，使经、纬组织点相反，呈现"断界"效应，这种斜纹称为破斜纹，生成的新的组织即为破斜纺组织。

（3）缎纹变化组织。是指以缎纹组织为基础，在完全组织根数不变的情况下，对组织点数、位置或经、纬面等加以变化形成的新的组织状态。

①加强缎纹组织。以缎纹组织为基础，在其单独经（纬）组织点的四周添加单个或多个经（纬）组织点而形成的组织结构，提高了织物的坚牢度。

②变则缎纹组织。在一个完全组织内，缎纹的组织点飞数始终不变的称为正则缎纹；若飞数是变数，则称为变则缎纹。

其他缎纹组织还有重缎纹、阴影缎纹等变化缎纹组织。

5．联合组织

联合组织是由两种或两种以上的原组织或变化组织联合而成。

（1）条格组织。条格组织是用两种或两种以上的原组织沿原组织的纵向或横向并列配置，使之呈现清晰的条纹或各自外观。把纵条纹和横条纹结合起来就构成条格组织。

（2）绉组织。利用经、纬纱不用的浮长交错排列，使织物表面具有分布均匀、呈细小颗粒且凹凸不很明显的外观效果，形成起绉效应。绉组织织物手感柔软、质地丰厚、弹性较好、光泽柔和。

（3）透孔组织。由于经、纬线浮长的不同，在交织作用下，经、纬线会相互靠拢，集合成束，在束与束之间形成均匀分布的小纱孔。

（4）蜂巢组织。表面具有明显的凹凸方形、菱形或其他几何形状，如蜂巢状的织纹。蜂巢组织织物质地稀松、手感柔软、美观、保暖，具有较强的吸水性。

（5）网目组织。以平纹（或斜纹）为原组织，然后每隔一定距离有一曲折的经（纬）浮长线在织物表面，形成网格。

（6）凸条组织。由浮线较长的重平纹组织和另一种简单组织联合而成的组织。织物表面有纵向、横向或斜向的凸条。

6．复杂组织

复杂组织是由一组经纱与两组纬纱或两组经纱与一组纬纱所构成，或各由两组经、纬纱共同交织而成。这类结构能够增加织物的厚度和提高织物的耐磨性，且能改变织物透气性。

纱罗组织：通常在各类织物组织中经纱与纬纱是各自平行排列的，唯有纱罗组织的经纱以一定的规律发生扭绞，凡扭绞处纬纱不易靠拢，因此形成较大的纱孔。纱罗组织织物表面具有清晰、均匀排布的孔眼，因而有良好的透气性，质地轻薄，适用于制作夏季衣料、蚊帐及工业筛网等。图4-15、图4-16所示为各种绞纱组织。

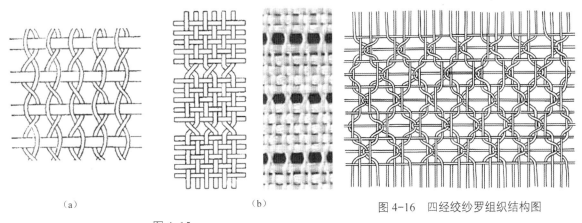

（a）   （b）
图 4-15
（a）二经绞一纬【纱】；（b）二经绞五纬【罗】

图 4-16   四经绞纱罗组织结构图

二、针织物的组织结构与特性

针织物是由一个系统纱线，利用织针将纱线弯曲成圈，并依次圈套而成的织物。

根据织造方法，主要分为经编针织物和纬编针织物两大类。

（一）针织物的基本概念

1．线圈

线圈是针织物的基本结构单元，它是一个三度弯曲的空间曲线。线圈由圈柱和圈弧组成，直线的称为圈柱，弧线的称为圈弧。

2．线圈长度

线圈长度是指每个线圈的纱线长度（以毫米为单位）。线圈长度不仅决定针织物密度，而且对针织物的脱散性、延伸性、耐磨性、弹性、强力以及抗起毛起球性和抗勾丝性等也有很大影响。

在针织物中，线圈在横向排列的一行，称为一个线圈横列，纵向串套的一列，称为一个线圈纵行。在线圈横列上两个相邻线圈对应点间的水平距离，称为圈距；在线圈纵行上两个相邻线圈对应点间的垂直距离，称为圈高。

针织物线圈的形式有正反面之分。圈柱覆盖圈弧的线圈称正面线圈，如图4-17所示；圈弧覆盖圈柱的，称反面线圈，如图4-18所示。一面为正面线圈，另一面为反面线圈的织物，称单面针织物；正面线圈与反面线圈混合分布在同一面的称双面针织物。

图 4-17　正面线圈

图 4-18　反面线圈

3．密度

密度是针织物在单位长度或单位面积内的线圈个数。它反映得是在一定纱线粗细条件下针织物的疏密程度，通常用横密、纵密和总密度表示。横密是针织物沿线圈横列方向规定长度（如50 mm）内的线圈数；纵密是针织物沿线圈纵行方向规定长度（如50 mm）内的线圈数；总密度是针织物在规定面积（如25 cm^2）内的线圈数。此外，针织物横密对纵密的比值，称为密度对比系数。

4．未充满系数

线圈长度对纱线直径的比值称为未充满系数。它说明在相同密度条件下，纱线粗细对针织物疏密程度的影响。未充满系数越大，针织物就越稀疏。

5．单位面积重量

单位面积重量是指每平方米干燥针织物的重量（克数）。它可以通过线圈长度、针织物密度与纱线特数（或支数）求得。

6．缩率

针织物在加工或使用过程中长度或宽度变化的百分率即为缩率，一般分为下机缩率、染整缩率、水洗缩率和弛缓回复缩率4种。

（二）针织物的组织结构

1．经编针织物的组织结构

经编针织物一般分为经平组织、经缎组织以及编链组织，具体组织结构特征如下所述。

①经平组织。同一根纱线所形成的线圈交替排列在相邻两个纵行线圈中，如图4-19所示。经平组织织物正反面外观相似，织物卷边性不明显；逆编结方向容易脱散，当一个线圈断裂时织物易沿纵行分离成两片。

②经缎组织。经缎组织中的每根经纱先以一个方向有序地移动若干针距，然后再依次按顺序返回原位，如此循环编织，如图4-20所示。经缎组织线圈形态接近于纬平组织，卷边性也类似于纬平组织；当织物中某一纱线断裂时，也有逆编结方向脱散的现象，但不会在织物纵行产生分离。

③编链组织。每根经纱始终绕同一枚针垫纱成圈，形成一根连续的线圈链。编链组织每根经纱单独形成一个线圈纵行，各线圈纵行之间没有联系；结构紧密，纵向延伸行小，不易卷边。

2．纬编针织物组织结构

纬编针织物组织根据线圈结构及其相互间的排列，分为原组织、变化组织、提花组织、集圈组织、添纱组织、衬垫组织、衬纬组织和毛圈组织。

（1）原组织。原组织是所有针织物的基础，由线圈以最简单的方式组合而成。这类纬编针织物组织有纬平组织、罗纹组织、双反面组织。

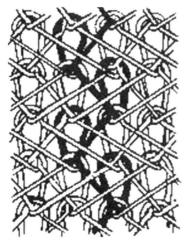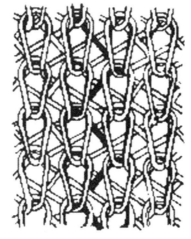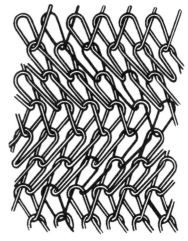

图 4-19　经平组织　　　　　　　　　　　　图 4-20　经缎组织

①纬平组织。纬平组织又叫平针组织，正面由有线圈的圈柱组成，反面由有线圈的圈弧组成，整体是由大小均匀的同一种线圈组成，如图 4-21 所示。纬平组织织物具有高度的横向延伸性，比纵向延伸性大两倍，当纵、横向密度相等时，纵向断裂强度比横向断裂强度大。纬平组织有卷边现象，且沿纵、横向都容易脱散，剪来的针织物如果缝合不当，也易脱散。

②罗纹组织。罗纹组织是由正反面线圈纵行交替配置而成，如图 4-22 所示。由于正反面线圈纵行配置数不同，会形成不同外观风格与性能的罗纹。按正反面线圈纵行数的不同配置，有 1+1、1+2、2+2 或 3+2 罗纹组织等。罗纹组织针织物横向具有高度的延伸性和弹性，密度越大，弹性越好，不卷边，横向不易脱散，但纵向脱散性仍然存在。一般适合制作服装的袖口、衣领等部位。

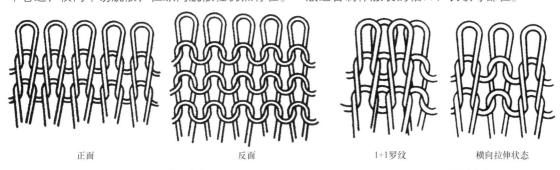

正面　　　　　　　　　反面　　　　　　　1+1罗纹　　　　　横向拉伸状态

图 4-21　纬平组织　　　　　　　　　　　　图 4-22　罗纹组织

③双反面组织。双反面组织是由正反面线圈横列交替排列而成，如图 4-23 所示。由于纱线弹力的作用，线圈在纵向倾斜，使织物收缩，致使圈弧突出在织物的表面，故有反面的外观。双反面组织针织物有很大弹性，但卷边性不强，也有脱散性。在同样的密度及纱线细度条件下，双反面组织针织物比纬平组织和罗纹组针织织物厚度大。

（2）变化组织。变化组织分为变化平针组织和变化罗纹组织两种。

①变化平针组织。是由两个平针组织纵行相间配置而成。使用两种色纱则可形成两色纵条纹织物，色条纹的宽度则视两平针线圈纵行相间数的多少而异。

②变化罗纹组织。如用两个 1+1 罗纹形成外观似 2+2 罗纹的变化罗纹；用一个 2+2 罗纹加一个 1+1 罗纹相间排列形成外观好似 3+3 罗纹的变化罗纹。

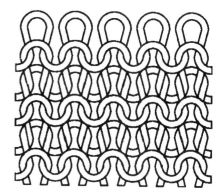

图 4-23　双反面组织

（3）提花组织。提花组织分为单面提花组织和双面提花组织两种，它是通过把纱线垫放在所选择的织针上编织成圈形成的。

①单面提花组织。由两根或两根以上的不同颜色的纱线相间排列形成一个横列的组织。

②双面提花组织。双面提花组织的花纹可在织物的一面形成也可同时在织物的两面形成。

一般采用织物的正面提花，不提花的一面作为织物的反面。提花组织的反面花纹一般为直条纹、横条纹、小芝麻点以及大芝麻点等。

（4）集圈组织。如图4-24所示。

①单位集圈组织。利用集圈单元形成凹凸小孔效应。

②双面集圈组织。在罗纹组织和双罗纹组织的基础上进行集圈编织而成。双面集圈组织一面为单针单列集圈，另一面为平针线圈形成组织即珠地网眼组织；双面集圈组织的两面都为单针单列集圈即柳条组织。

（5）添纱组织。针织物的一种花色组织，如图4-25所示。它包括全部线圈添纱组织和部分线圈添纱组织两种。

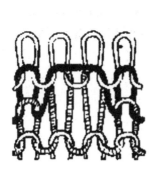 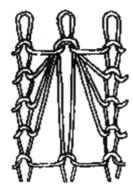　　　　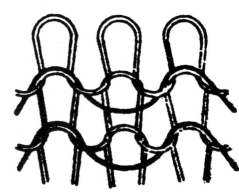

图4-24　集圈组织　　　　　　　　　图4-25　添纱组织

①全部线圈添纱组织。指织物内所有的线圈均由两个线圈重叠形成，织物的一面由一种纱线显示，另一面由另一种纱线显示。

②部分线圈添纱组织。

a. 绣花添纱。是将与地组织同色或异色的纱线覆盖在织物的部分线圈上，排列成一定的花纹而形成。

b. 浮线添纱。是以平针组织为基础，组织中地纱线密度小，面纱线密度大，由地纱和面纱同时编织出紧密的添纱线圈。

（6）衬垫组织。在衬垫组织中，一根或几根衬垫纱按一定间隔在线圈上形成悬弧，在其余线圈呈浮线停留在织物反面的一种花色织物，分为平针衬垫组织和添纱衬垫组织两种。

①平针衬垫组织。以平针组织为地组织，由地纱编织而成，衬垫纱在地组织上按一定的比例编织成不封闭的圈弧。

②添纱衬垫组织。由面纱、地纱和衬垫纱编织而成，其中面纱和地纱编织成添纱平针组织。

（7）衬纬组织。在基本组织或变化组织的基础上，沿纬向衬入一根辅助纱线而形成的组织。

（8）毛圈组织。由平针线圈和带有拉长沉降弧的毛圈、线圈组合而成，分为普通毛圈组织和花式毛圈组织。

①普通毛圈组织。地组织为平针组织，并且每一个附加线的沉降弧都被拉长形成毛圈。

②花式毛圈组织。又叫浮雕花式毛圈组织，是指通过毛圈形成花纹图案和效应的毛圈组织。

（三）针织物的特性

1．脱散性

脱散性是指针织物因某根纱线断裂，而引起线圈与线圈彼此分离和失去串套的性能。纱线的摩擦系数与抗弯刚度越大，线圈长度越短，针织物的脱散性也就越小。

2．卷边性

卷边性是指自由状态下针织物边缘出现包卷的性能。这是由于边缘线圈中弯曲纱线力图伸直所引起的。纱线越粗，弹性越好，线圈长度越短，卷边性也越显著。一般双面针织物，因为在边缘处正反面线圈的内应力大致平衡，所以基本不卷边（图4-26）。

3．延伸性

延伸性是指外力拉伸下针织物尺寸伸长的性能。由于线圈能够改变形状和大小，所以针织物具有较大的延伸性。改变组织结构能减小针织物的延伸性。

4．歪斜

针织物在自由状态下，其线圈经常发生歪斜现象，从而造成线圈纵行的歪斜，直接影响到针织物的外观和服用性。造成线圈歪斜的原因是由于纱线捻度不稳定，线圈圈柱产生的退捻力使线圈的针编弧分别向不同方向扭转，致使整个线圈纵行发生歪斜，强捻纱织物歪斜现象明显。

5．弹性

针织物的弹性一般较好，影响弹性的因素主要有纱线性质、线圈长度和针织物组织，不同组织结构的面料，弹性差异较大，罗纹组织织物横向弹性最大。

6．勾丝和起毛起球

针织物遇到毛糙物体，会被勾出纤维或纱线，抽紧部分线圈，在织物表面形成丝环，叫作勾丝；织物在穿着洗涤中不断经受摩擦，纱线中的纤维端露出织物表面，形成绒毛，叫作起毛；在以后的穿着中如果绒毛相互纠缠在一起，揉成球粒，叫作起球。除了使用条件外，影响勾丝与起毛起球的因素主要有原料品种、纱线结构、针织物组织以及染整加工等。针织物结构较为松散，纱线之间束缚力小，在外力作用下，纱线中纤维尾端很容易伸出织物表面，造成勾丝起毛。纤维越长，起毛起球越严重，如图4-27所示。

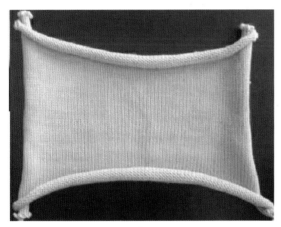
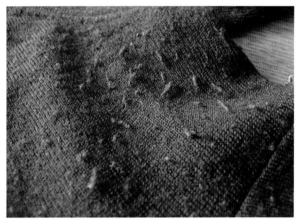

图4-26　双面针织物的卷边效果　　　　　图4-27　针织物的起毛起球效果

思考与训练

为什么运动类服装多选择针织物作为材料？

针织物有哪些特点？如何有效应用这些特点？

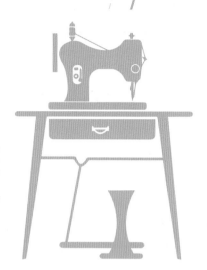

第五章
常见织物品种及风格特征

知识目标

了解常见织物的品种及特征。

能力目标

能够识别面料品种。

第一节　棉织物的品种

棉织物发展至今，由于具有独特的风格特征，优良的服用性能，质朴的外观特点，越来越受到人们的喜爱，在服装、床上用品等领域具有不可替代的地位。棉织物天然柔和，皮肤接触无刺激，无异味，气息清新自然，是绝对温暖、健康、环保的绿色产品，尤其对于老人和儿童，更为适用，是健康面料的首选。下面从织物组织结构上分别介绍棉织物的常见品种。

一、平纹组织面料

1. 平布

平布是一种以纯棉、纯化纤或混纺纱织成的织物。它具有经纱与纬纱的粗细相等或接近，经、纬身密度相等或接近的特点。平布根据用纱粗细不同，分为粗平布、中平布（市布）、细平布三类。

（1）粗平布。又称粗布，大多用纯棉粗特纱织制。其特点是布身粗糙、厚实，布面棉结杂质较多，坚牢耐用。市销粗布主要用作服装衬布等。在山区农村、沿海渔村也有用市销粗布做衬衫、被里的。经染色后作衫、裤用料。粗平布的技术参数：经、纬纱用 32 ~ 170 tex 及以上（3 ~ 18 英支以下）粗特纱；经、纬密度为 150 ~ 250 根 /10 cm，克重为 150 ~ 200 g/m²。

（2）中平布。又称市布，一般用中特棉纱或粘纤纱、棉粘纱、涤棉纱等织制。其特点是结构较紧密，布面平整丰满，质地坚牢，手感较硬。市销中平布主要用作被里布、衬里布，也可做衬衫裤、被单。中平布大多用作漂布、色布、花布的坯布，加工后用作服装布料等。中平布的技术参数：经、纬纱用 3 ~ 21 tex；经、纬密度为 200 ~ 270 根 /10 cm，克重为 100 ~ 150 g/m²。

（3）细平布。又称细布，一般用细特棉纱、粘纤纱、棉粘纱、涤棉纱等织制。其特点是布身细洁柔软，质地轻薄紧密，布面杂质少。市销细平布主要用途与中平布一致。细平布大多用作漂布、色布、花布的坯布，加工后可作内衣、裤子、夏季外衣、罩衫等服装的面料。细平布的技术参数：经、纬纱用 19 ~ 10 tex（25 ~ 59 英支）的细特纱；经、纬密度为 240 ~ 370 根 /10 cm，克重为 80 ~ 120 g/m²。

2．府绸

府绸最早是指山东省历城、蓬莱等县在封建贵族或官吏府上织制的织物，其手感和外观类似于丝绸，故称府绸。府绸常用原料有纯棉、涤棉等。

织制府绸织物，常用纯棉或涤棉细特纱。根据所用纱线的不同，分为纱府绸、半线府绸（经向用股线）、线府绸（经、纬向均用股线）。根据纺纱工程的不同，分为普梳府绸和精梳府绸。以织造花色不同，分为有隐条隐格府绸、缎条缎格府绸、提花府绸、彩条彩格府绸、闪色府绸等。以本色府绸坯布印染加工情况不同，分为漂白府绸、杂色府绸和印花府绸等。各种府绸织物均有布面洁净平整，质地细致，粒纹饱满，光泽莹润柔和，手感柔软滑爽等特征。但府绸面料缝制的服装易出现纵向裂纹，这是因为府绸经、纬密度相差很大，经、纬纱间强度不平衡，造成经向强度大于纬向强度近一倍的结果。

3．牛津布

牛津布又称牛津纺，起源于英国，是因牛津大学命名的传统精梳棉织物。采用较细的精梳高支纱线作双经，与较粗的纬纱以纬重平组织交织而成。色泽柔和，布身柔软，透气性好，穿着舒适，多用于制作衬衣、运动服和睡衣等。牛津布产品品种花式较多，有素色、漂白、色经白纬、色经色纬、中浅色条形花纹等。

4．巴厘纱

巴厘纱又称玻璃纱，是一种用平纹组织织制的稀薄透明织物，其特点是经、纬均采用细特精梳强捻纱，织物中经、纬密度比较小，由于"细""稀"，再加上强捻，使织物稀薄透明。所用原料有纯棉、涤棉。织物中经、纬纱或均为单纱，或均为股线。

按加工方式不同，玻璃纱有染色玻璃纱、漂白玻璃纱、印花玻璃纱、色织提花玻璃纱等。玻璃纱织物的质地稀薄，手感滑爽，布孔清晰，透明透气。

5．罗缎

罗缎是指布面呈横条罗纹的棉织物，因布面光亮如缎而得名，如图 5-1 所示。其质地厚实，适宜作外衣、童装面料和装饰布；也可作绣花底布、绣花鞋布等。罗缎一般采用经重平组织或小提花组织，以 13.9 号（42 英支）双股线作经、27.8 号（21 英支）3 股线作纬织成。由于纬线粗，布面有明显的横条纹。坯布需经漂练、丝光、染色或印花、整理加工。如采用 9.7 号双股（60 英支 /2）和 27.8 号双股（21 英支 /2）精梳烧毛线作经、纬，称为四罗缎（或丝罗缎），成品组织更紧密，布面更光洁，但经线易断裂。采用涤棉混纺纱线，可以避免这一缺点。

6. 细纺

细纺是棉型织物的一种，是采用 6 ~ 10 tex（100 ~ 60 英支）的精梳棉纱或涤棉混纺纱作经、纬织制的平纹织物。因其质地轻薄，与丝绸中纺类织物相似，故称细纺。细纺具有结构紧密，布面光洁，手感柔软，轻薄似丝绸的特点。细纺经特殊处理后整理，有不缩不皱，快干免烫以及良好的吸湿性和穿着舒适等特征，适宜制作夏季衬衫。也可做成手帕、床罩、台布、窗帘等装饰用品。

7. 泡泡纱

泡泡纱是棉织物中具有特殊外观风格特征的织物，采用轻薄平纹细布加工而成，布面呈现均匀密布凸凹不平的小泡泡，如图 5-2 所示。穿着时不贴身，有凉爽感，适合制作女性夏季的各式服装。用泡泡纱做的衣服，优点是洗后不用熨烫，缺点则为经多次搓洗，泡泡会逐渐平坦，特别是洗涤时不宜用热水泡，也不宜用力搓洗和拧绞，以免影响泡泡牢度。

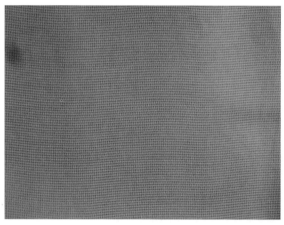

图 5-1　罗缎

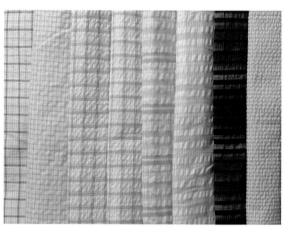

图 5-2　泡泡纱

根据形成方法不同，泡泡纱有三种：一是印花浓碱收缩起泡，称为泡泡纱；二是利用织造时两个经轴送经速度不等、松紧不等产生泡泡，称为绉布；三是采用机械轧制出泡泡，称为老年病纹布或轧纹凹凸布。

8. 帆布

帆布是一种较粗厚的棉织物或麻织物，因最初用于船帆而得名。帆布一般多采用平纹组织，少量采用斜纹组织，经、纬均用多股线。帆布通常分粗帆布和细帆布两大类，粗帆布又称篷盖布，常用 58 号（10 英支）4 ~ 7 股线织制，如图 5-2 所示，织物坚牢耐折，具有良好的防水性能，适宜用于汽车运输和露天仓库的遮盖以及野外搭帐篷；细帆布经、纬纱一般为 2 股 58 号至 6 股 28 号（10 英支 /2 ~ 21 英支 /6），适宜用作制作劳动保护服装及其用品，经染色后也可用作鞋、旅行袋、背包等服装或旅行装备的面料。此外，还有橡胶帆布，防火、防辐射用的屏蔽帆布。

9. 绉布

绉布是表面具有纵向均匀皱纹的薄型平纹棉织物，又称绉纱。绉布手感挺爽、柔软，纬向具有较好的弹性，如图 5-4 所示。织物所用纱支一般多在 14.6 tex 以下（40 英支以上），质地轻薄，有漂白、素色、印花、色织等多种。绉布所用经纱为普通棉纱，纬纱则为经过定型的强捻纱，织成坯布后，经过烧毛、松式退浆、煮练、漂白和烘干等前处理加工，使织物经受一定时间的热水或热碱液处理，纬向收缩约 30% 而形成全面均匀的皱纹，然后染色或印花；也可以将织物在收缩前先通过轧纹起皱处理，然后再加以松式前处理和染整加工，这样可使布面皱纹更为细致、均匀、有规律，以制成各种粗细直条形皱纹的绉布。此外，纬向还可利用强捻纱与普通纱交替织入制成有人字形皱纹的绉布。绉布适合制作各式衬衣、睡衣裤、浴衣等。

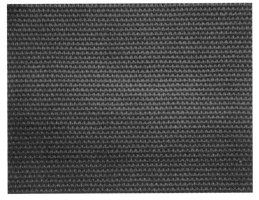

图 5-3　帆布

图 5-4　绉布

二、斜纹组织面料

1. 卡其

卡其是棉织物中紧密度最大的一种斜纹组织织物，布面呈现细密而清晰的倾斜纹路，如图 5-5 所示。最早是由布尔战争中的英军服装所使用，此后在第一次世界大战中，加拿大用其做军服。

卡其布结构紧密，手感厚实，挺括耐磨，但不耐折，裤脚、袖口折边部位易磨断。根据所用纱线不同，卡其布可以分为纱卡、半线卡和线卡；根据组织结构不同，可以分为单面卡、双面卡、人字卡、缎纹卡等。采用 2/2 斜纹组织织制的正反面纹路均清晰，故称双面卡。卡其布的技术参数：采用急斜纹组织，经纱的浮线较长，像缎纹一样连贯起来，故称缎纹卡。经纬纱常用 28 ~ 58 tex（21 ~ 10 英支）单纱，或 7.5 tex×2 ~ 19.5 tex×2（80/2 ~ 30/2 英支）股线，经向紧度为 83% ~ 110%，纬向紧度为 45% ~ 58%，经、纬向紧度比大约为（1.7 ~ 2）：1。卡其布经染整加工后，可以用作春、秋、冬季外衣、工作服、军服、风衣、雨衣等服装的面料。卡其布以品种多、风格新、质轻软等优势取信于消费者，成为市场上一道靓丽的风景线。

2. 华达呢

1856 年，年仅 21 岁的英伦小伙子 Thomas Burberry 一手创立了 Burberry 品牌，在英国南部的 Hampshire（汉普夏郡）Basingstoke（贝辛斯托克）市开设了他的第一家户外服饰店。优良的品质、创新面料的运用以及在外套上的设计使得 Thomas Burberry 赢得了一批忠实顾客。1879 年，他研发出一种组织结实、防水透气的斜纹布料 Gabardine（轧别丁），因其结实耐用的特性使然，很快就被广泛使用，由此赢得大家的认可。Gabardine 于 1888 年取得专利，为当时的英国军官设计及制造雨衣。

棉华达呢是用棉纱线为原料，效仿毛华达呢风格织制而成，如图 5-6 所示。棉华达呢有经、纬全线和线经纱纬两类，坯布须经丝光、染色等整理加工。此外，还有毛经棉纬华达呢和各种化纤纯纺、混纺华达呢，其风格特征随纤维的特性而异。华达呢呢面平整光洁，斜纹纹路清晰细致，手感挺括结实，色泽柔和，颜色多为蓝、青、灰、烟等素色，也有闪色和夹花的。经纱密度是纬纱密度的 2 倍，经向强力较高，坚牢耐穿，但穿着后长期受摩擦的部位因纹路被压平容易形成极光。华达呢适合制作男女风衣、夹克、休闲裤、棉服及童装等。

图 5-5　卡其布　　　　　　　　　　　　　　　　图 5-6　华达呢

3．哔叽

哔叽是传统棉织物的一种，它的经、纬密度接近，紧度比卡其、华达呢都小，表面斜纹纹路的倾斜角度接近 45°，正反面呈形状相反的斜纹，正面纹路比反面纹路清晰，如图 5-7 所示。手感柔软，斜向纹路宽而平。色泽以藏青、蓝色为主，也有灰、咖、军绿、杂色等其他颜色，主要用于制作妇女、儿童服装及传统被面、棉服面等。

哔叽与华达呢、卡其的区别主要体现在以下几个方面。

（1）织物的经、纬向紧度不同及经、纬向紧度比不同。哔叽的经、纬向紧度与经、纬向紧度比均较小，因此织物比较松软，布面的经、纬纱交织点较清晰，纹路宽而平；华达呢的经向紧度较纬向紧度大 1 倍左右，因此布身挺括，质地厚实，不发硬，耐磨不易折裂，布面纹路的间距较小，斜纹线凸起，峰谷较明显；卡其的经、纬向紧度及经、纬向紧度比最大，因此布身厚实、紧密而硬挺且纹路细密。由此可知，这三种织物中卡其的质地最好，坚实耐用，华达呢次之，哔叽则更次之。但有些紧度较大的卡其，在染色过程中，染料往往不易渗入纱线内部，因此布面容易产生磨白现象。

（2）三者布面纹路倾斜角度不同。卡其倾角最大，华达呢次之，哔叽最小。

4．斜纹布

斜纹布的织物组织为二上一下斜纹，斜纹纹路为 45° 倾斜角，正面斜纹纹路明显，杂色斜纹布反面则不甚明显，如图 5-8 所示。经、纬纱支数相接近，经密略高于纬密，手感比卡其柔软。斜纹布分为粗斜纹和细斜纹两种。粗斜纹布用 32 tex 以上（18 英支以下）棉纱作经、纬纱；细斜纹布用 18 tex 以下（32 英支以上）棉纱作经、纬纱。斜纹布有本白、漂白和杂色等种类，常用作制服、运动服、运动鞋的夹里，金刚纱布底布和衬垫料。宽幅漂白斜纹布可做被单，经印花加工后也可做床单，本白和杂色斜纹布经电光或轧光整理后布面光亮，可作伞面和服装夹里。

5．牛仔布

牛仔布又称坚固呢，面料厚重紧致，坚固耐磨，早期用于制作美国西部淘金矿工和牛仔穿着的裤子，所以称为牛仔布。制作牛仔布的纱线较粗，面料厚重，一般经过匹染上色时，染料无法渗入织物内部，出现夹心现象，因此牛仔布采用染色的经纱和原色的纬纱进行织造，织造时经纱张力大而浮于表层，布面呈现经纱颜色，同时微微露出白色纬纱的泛白效果。

传统的牛仔布以全棉为主，随着纺织技术的发展和化纤的兴起，现代牛仔布采用的原料日益多样化，毛、丝、麻、化纤等纤维也出现在牛仔布面料中。特别是氨纶的出现，大大提高了牛仔布的弹性，各种弹力纱、紧捻纱、花式纱等不断用于牛仔布的制作。目前市场上用得比较多的为传统牛仔布、竹节牛仔布、弹力牛仔布、超级靛蓝染色牛仔布以及花色牛仔布。氨纶丝的含量越高牛仔布弹力越大。

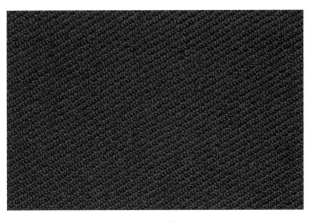

图 5-7　哔叽

图 5-8　斜纹布

牛仔布的组织结构采用三上一下的右斜纹组织交织而成，经向紧度大于纬向紧度。牛仔布一般分为薄型、中厚型和厚型三类，其中薄型布重 200 ~ 340 g/m²，中厚型布重 340 ~ 450 g/m²，厚型布重 450 g/m² 以上；牛仔布的纱线调度为厚型 7×6（英支），中厚型 10×10（英支），薄型 12×12（英支）以上；布的宽度大多为 114 ~ 152 cm。

（1）传统牛仔布。传统牛仔布采用纯棉靛蓝染色的经纱与本色的纬纱，靛蓝是一种协调色，能与各种颜色相配，四季皆宜，另外靛蓝是一种非坚固色，越洗越淡，越淡越漂亮，如图 5-9 所示；容易吸收水分，透湿，吸汗，透气性很好，穿着很舒适，质地厚实，纹路清晰；经过适当处理，可以有效防皱、防缩、防变形。

（2）竹节牛仔布。竹节牛仔布采用不同纱号、不同竹节粗度（与基纱比）、不同竹节长度和节距的竹节纱，如图 5-10 所示，单经向或单纬向以及经、纬双向都配有竹节纱，与同号或不同号的正常纱进行适当配比和排列时，即可生产出多种多样的竹节牛仔布，经服装水洗加工后可形成各种不同的或朦胧或清晰的条格状风格牛仔装，受到个性化消费需求群体的欢迎。早期的竹节牛仔布几乎都是用环锭竹节纱，因其可纺制长度较短、节距较小、密度相对较大的竹节纱，易于形成布面较密集的点缀效果，并以经向竹节为主。随着市场消费需求的发展，目前流行经、纬双向竹节牛仔布，特别是有纬向弹力的双向竹节牛仔布产品，国内外市场都十分畅销。而一些品种只要组织结构设计得好，经向采用单一品种的环锭纱，纬向用适当比例的竹节纱，同样可达到经、纬双向竹节牛仔布的效果。

牛仔裤一般都经过水洗处理的原因

图 5-9　牛仔布

图 5-10　竹节牛仔布

（3）弹力牛仔布。氨纶弹力丝的采用，使牛仔布品种发展到了一个新领域，可使牛仔装既贴身又舒适，再配以竹节纱或不同的色泽，使牛仔布产品更适应时装化、个性化的消费需求，因而有很大的发展潜力。目前弹力牛仔布大多为纬向弹力，弹性伸度一般在 20% ~ 40%。弹性伸度的大小取决于织物的组织设计，在布机上的经、纬向组织紧度越小，则弹性越大，反之，在经纱组织紧度固定的条件下，纬向弹力纱的紧度越大，则弹性越小，纬向紧度达到一定程度，甚至会出现丧失弹性的情况。此外，目前弹力牛仔布的突出问题是纬向缩水率过大，一般为 10% 以上，个别的甚至达到 20% 以上。布幅不稳定给服装生产带来很大困难，一个解决方法是在产品设计时不要使弹性伸度过大，一般取 20% ~ 30% 即可，保持一定的经、纬向组织紧度，还可在预缩整理时采取适当加大张力的方法，使布幅有较大的收缩，从而获得成品布纬向较低的剩余缩水率；另一个解决方法是弹力牛仔布经预缩整理后进行热定型处理，这样可获得较均匀一致的布幅和较稳定、较低的纬向缩水率，满足服装加工生产的要求。

（4）超级靛蓝染色牛仔布。由超级靛蓝染色或特深靛蓝染色牛仔布制成的服装经磨洗加工后，能获得色泽浓艳明亮的特殊效果，因而受到消费者的广泛欢迎。超级靛蓝染色牛仔布有两大特征，即染色深度特别深和磨洗色牢度特别好。前者是指单位重量纱线上染的靛蓝染料的量（一般表示染料占纱干重的百分比，简称染色深度）特别多，例如，常规牛仔布经纱靛蓝染色深度都在 1% ~ 3%，而超级靛蓝染色深度则需要达到 4% 以上，才可以称为超级靛蓝色或特深靛蓝色。后者则是指超级靛蓝染色牛仔布经受重复磨洗 3 小时以上，其色泽仍能达到或超过常规染色牛仔布未经磨洗时的色泽深度，并且色光要比常规染色牛仔布浓艳明亮得多。对于靛蓝染色牛仔布的磨洗色牢度，其实质是取决于染料对纱线的透芯程度，而非染料本身的磨洗牢度（靛蓝湿磨牢度仅为 1 级），即透芯程度越好，磨洗色牢度越好。

（5）花色牛仔布。是指采用不同原料加工产生的牛仔布，例如，采用小比例氨纶丝（约占纱重的 3% ~ 4%）作经纱的包芯弹力经纱或纬纱织成的弹力牛仔布；采用低比例涤纶与棉混纺作经纱，经过靛蓝染色后，涤纶纤维不吸色，从而产生留白效应的雪花牛仔布；用棉麻、棉毛混纺纱织制的高级牛仔布；采用高捻纬纱织制的树皮绉牛仔布；在经纱染色时，先用硫化或海昌蓝等染料打底后再染靛蓝的套染牛仔布；在靛蓝色的经纱中嵌入彩色经纱的彩条牛仔布等。

牛仔布常用水洗工艺

6. 纱罗

纱罗是一种古老的、名贵的纯桑蚕丝织物，如图 5-11 所示。纱罗织物与普通织物不同，在每根纬纱投入织口后，相邻的经纱相互扭绞，形成绞纱孔，使组织结构中有一定的空隙，并防止经纱和纬纱发生滑溜和位移。

纱罗布面纱孔清晰、均匀，织物较轻薄，透气性良好，但是手感疲软，缩水率达 6% ~ 7%，容易变形，经树脂整理可有明显改善。纱罗品种有漂白、素色、印花和色织纱罗等，主要用作夏季衣料、蚊帐、窗帘、披肩巾和装饰品等。

三、缎纹组织面料

1. 贡缎

贡缎是织造工艺较为复杂的一种面料，采用四上一下或一上四下变化织造，克重一般在 $100 ~ 200 \text{ g/m}^2$，因其良好的品质特性可作为"贡品"进贡而得名，如图 5-12 所示。贡缎分为直贡缎和横贡缎两种，直贡缎经纱浮在织物表面，布面有 75° 左右的倾斜角度，经纱采用精梳纱；横贡缎斜纹角度多在 30° 以下，布面呈现纬纱，是纬面缎纹。

图 5-11　纱罗

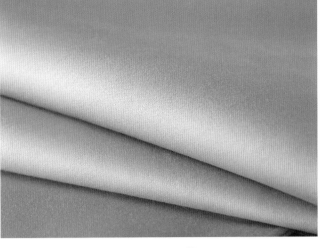

图 5-12　贡缎

有很轻薄的用 16.7 tex（60 支）纱织成的贡缎，也有稍厚重用 34 tex（30 支）纱织成的贡缎，缎纹质地柔软、表面平滑、弹性良好，透气性能佳。贡缎大多数为素色，可以印花，制作床上用品时可以提花。另外还有弹力贡缎，档次更高，因其富有光泽，而且柔和，是纯棉织物中最独特的产品，所以弹力贡缎是高档裤料或风衣的首选。

四、其他组织结构的面料

1. 灯芯绒

灯芯绒是割纬起绒、表面形成纵向绒条的棉织物。因绒条像一条条灯草芯，所以称为灯芯绒，如图 5-13 所示。灯芯绒采用纬二重组织织制，再经割绒整理，布面呈灯芯状绒条，所以又称条绒布。

灯芯绒织物绒条圆润丰满，绒毛耐磨，质地厚实，手感柔软，保暖性好，绒条清晰圆润、光泽柔和均匀，但较易撕裂，尤其是沿着绒条方向的撕裂强力较小。

灯芯绒织物在穿着过程中，其绒毛部分与外界接触，例如服装的肘部、领口、袖口、膝部等部位长期受到外界摩擦，绒毛容易脱落。

图 5-13　灯芯绒

灯芯绒织物主要用作秋冬外衣、鞋帽面料，也宜作家具装饰布、窗帘、沙发、手工艺品、玩具等面料。制作灯芯绒制品时须注意绒毛的倒、顺向，一般采用同一个方向裁剪，顺毛时会出现反光不匀的现象；采用倒向，即绒毛朝上的方式，则制品立体感强，光泽柔和。

灯芯绒洗涤时不宜用力搓洗，也不宜用硬毛刷用力刷洗，宜用软毛刷顺绒毛方向轻轻刷洗。不宜熨烫，收藏时也不宜重压，以保持绒毛丰满、耸立。

灯芯绒面料主要分为如下几类。

（1）弹力灯芯绒。弹力灯芯绒是在灯芯绒底组织结构中的经纱或纬纱中加入弹力纤维织制而成。

弹力纤维的加入，一方面提高了灯芯绒织物服装穿着的舒适性，可制成合体紧身的服装；另一方面有利于底布结构紧密，防止灯芯绒掉毛，提高了服装的保型性，改善了传统棉制服装的拱膝、拱肘现象。

（2）粘胶灯芯绒。粘胶灯芯绒是以粘胶作绒经，可提高传统灯芯绒的悬垂感、光感及手感，粘胶灯芯绒悬垂性提高，光泽亮丽，颜色鲜艳，手感光滑，如丝绒般效果。

（3）涤纶灯芯绒。随着人们生活节奏的加快，服装的易保养、洗可穿性能更加受到人们的关注。因此，以涤纶为原料的涤纶灯芯绒就应运而生了，它不但颜色鲜艳、洗可穿性能好，而且服装的保型性好，适合做休闲外衣。

（4）彩棉灯芯绒。为适应当今环保的需要，将新型的环保材料运用于灯芯绒也使其焕发出了新的生命力。以天然彩色棉为原料（或主要原料）制成薄型灯芯绒做贴身穿着的男女衬衫，特别是儿童春秋季衬衫，对人体及环境均有着保护作用。

（5）色织灯芯绒。传统灯芯绒多以匹染、印花为主，如果将其加工成色织产品，可设计成绒、地不同色（可对比强烈），绒毛混色，绒毛色彩渐变等效果；色织与印花还可相互配合。尽管染色、印花成本低，色织成本稍高，但花色的丰富会给灯芯绒带来无穷无尽的活力。

（6）粗细条灯芯绒。该织物采取偏割的方式，使正常的起绒组织织物形成粗细相间的线条，因绒毛长短不一，粗细绒条高低错落有致，而丰富了织物的视觉效果。

（7）间歇割灯芯绒。通常的灯芯绒均为浮长线通割，若采取间歇式割绒，纬浮长线则被间隔地割断，形成既有绒毛竖立的凸起，又有平齐排列的纬浮长的凹陷，其效果呈浮雕状，立体感强，外观新颖别致。起绒与不起绒的凹凸形成多变的条、格及其他几何纹样。

（8）飞毛灯芯绒。该风格的灯芯绒需将割绒工艺与织物组织配合起来，形成更为丰富的视觉效果，如图 5-14 所示。正常的灯芯绒绒毛均有根部的 V 字形或 W 字形固结，在需要形成露地现象的部位将其地组织固结点去掉，这样使绒纬浮长穿过绒经跨两个组织循环。但飞毛灯芯绒在割绒时，两导针中间的一段绒纬的两端被剪断或由吸绒装置吸去，从而形成更为强烈的浮雕效果。若配合上原料的应用，地组织用长丝，轻薄透明，还可形成烂花绒的效果。

（9）霜花灯芯绒。霜花灯芯绒于 1993 年研发，1994—1996 年风靡我国内销市场，从南到北掀起"霜花热"，后逐渐走缓，2000 年后外销市场开始热销，2001—2004 年达到顶峰，现已作为一种常规灯芯绒风格的产品平稳需求。霜花手法可用于各种绒毛为纤维素纤维的规格中，它通过氧化还原剂将灯芯绒绒尖的染料剥去，形成落霜的效果，这种效果不仅迎合了回归潮、仿旧潮，更改善了灯芯绒服用时易磨处的绒毛不规则倒伏或泛白现象，提升了服用性能和面料档次。在常规灯芯绒的后整理工艺的基础上，增加了水洗工艺，洗液中加入少量褪色剂，使绒毛在水洗过程中自然、随意地褪色，形成了仿旧泛白、霜花效果，如图 5-15 所示。

图 5-14　飞毛灯芯绒

图 5-15　霜花灯芯绒

霜花产品分为全霜花产品和间隔霜花产品，间隔霜花产品又可通过间隔开毛霜花再开毛形成，或通过高低条剪毛形成。无论哪种风格都得到了市场的高度认可和流行，迄今为止霜花手法仍是对灯芯绒产品附加风格变化的典范。

（10）双色灯芯绒。双色灯芯绒的绒沟和绒毛呈现不同的颜色，并通过两种色泽的和谐搭配，营造出朦胧中闪烁光华、深沉中洋溢热情的产品风格，使面料于亦动亦静中演绎出色彩变换效果。

2．平绒

平绒是采用起绒组织织制再经割绒整理织制而成。因表面具有稠密、平齐、耸立而富有光泽的绒毛，故称平绒。平绒的经、纬纱均采用优质棉纱线。平绒绒毛丰满平整，质地厚实，手感柔软，光泽柔和，耐磨耐用，保暖性好，富有弹性，不易起皱。根据起绒纱线不同，平绒分为经平绒（割经平绒）和纬平绒（割纬平绒）。平绒洗涤时不宜用力搓洗，以免影响绒毛的丰满、平整。优良的平绒织物产品外观应达到绒毛丰满直立、平齐匀密，绒面光洁平整、色泽柔和、方向性小、手感柔软滑润、富有弹性等要求。平绒适合制作女式外衣、鞋面等，如图5-16所示。

3．绒布

绒布是经过拉绒后表面呈现丰润绒毛状的棉织物，如图5-17所示，分单面绒和双面绒两种。单面绒组织以斜纹为主，也称哔叽绒；双面绒以平纹为主。绒布布身柔软，穿着贴身舒适，保暖性好，宜做冬季内衣、睡衣。印花绒布、色织条格绒布宜做妇女、儿童春秋外衣以及棉衣的里衬。

图 5-16　平绒

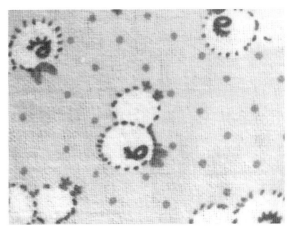

图 5-17　绒布

第二节　麻织物的品种

1．夏布

夏布是我国传统纺织品之一，是土法手工生产的苎麻布，如图5-18所示。主要品种有原色夏布、漂白夏布，也有染色和印花的夏布。主要产地是江西、四川、湖南、广东、江苏等。

（1）原色夏布。原色夏布又称皂夏布或本色夏布，以苎麻作原料，手工织制，不经漂染。成品因多是土纺土织，故门幅宽窄不一，约在 36 ~ 66 cm 之间，匹长在 126 ~ 315 cm 之间。原色夏布质量差异很大。有的原色夏布纱支细而均匀，布面平整光洁，富有弹性，质地坚牢，色泽较白净，爽滑透凉，适于制作夏季衬衫、裤子。有的原色夏布纱支粗细不一，条干不匀，组织稀松，手感粗硬，色泽黄暗，可用于制作蚊帐和服装衬里等。

（2）漂白夏布。指的是经漂白加工后的夏布，洁白光亮，布身挺括；也有将苎麻纤维或苎麻纱先行漂白，再织成夏布，称本白夏布，布面色泽虽较原色夏布白净，但不及织后漂白的夏布洁白，布身挺括。漂白夏布可用于制作夏装，质地较粗糙的则可用于制作蚊帐。

（3）染色夏布和印花夏布。染色夏布一般采用土法染色，大都是较浅的青蓝色。染色后的成品，分踩光和毛布两种。踩光染色夏布因为是土法染色，麻纤维未经充分脱胶，影响吸色能力，染出的色泽较暗，不鲜艳，色泽牢度差。印花夏布是采用土法手工印花，分水印和土法拷花两种。一般以蓝白色为多，色泽不够鲜艳。在花型上保持着民族色彩，有花、蝴蝶、瓜果等图案，线条比较粗壮，如图 5-19 所示。染色和印花夏布主要用于制作蚊帐和窗帘，也可当作衣料使用。

图 5-18　夏布

图 5-19　印花夏布

2．苎麻布

苎麻布是指机纺、机织的麻布，如图 5-20 所示。经、纬纱一般以中支纱为主。有漂白、染色、印花等品种。苎麻布经漂白后，色泽洁白，富有光泽。染色苎麻布色谱较齐全。印花苎麻布以浅色花布为主，大都是白地印花。苎麻布爽挺，透气性好，吸湿性好，散热快，出汗不沾身，是夏令时节理想的衣料。还可用于制作抽绣、台布、茶巾、窗帘和装饰等织品。

3．亚麻布

亚麻布是采用亚麻作原料的中支纱织物，我国的亚麻产地以东北为主。除纯亚麻织物外，还有采用棉经、麻纬交织的织物，质地坚牢滑爽，手感比纯亚麻布柔软，如图 5-21 所示。亚麻布的特点是散热性好，透凉爽滑，平挺无皱缩，易洗涤。亚麻布品种可分为以下两类。

（1）原色亚麻布。虽然不漂白，但通过酸洗后，手感较软，布面光洁平滑，可用于制作内衣、窗帘、抽绣衣饰等。

（2）漂白及染色亚麻布。经过了漂白和染色处理，布面光洁平滑，可用于制作服装、被单、台布和窗帘等。

图 5-20　苎麻布　　　　　　　　　　图 5-21　亚麻布

4. 纯麻细纺

中国生产的 10 tex、12.5 tex 苎麻细纺布及 14.3 ~ 16.7 tex、27.8 ~ 31.3 tex 亚麻漂白细布等织物均具有细密、轻薄、挺括、滑爽的风格特征。其中高支稀薄规格的织物更为柔软、凉爽，有较好的透气性能和舒适感。色泽以本白、漂白及各种浅色为主。各种纯麻细纺布适于制作夏季男女衬衫及男士高级礼服衬衫，女士抽绣衣、裙等服装，还适于当作头巾、手帕等服饰配件的用料。

5. 混纺麻织物

（1）涤麻混纺布。涤纶 65%、亚麻 35% 的涤麻细布、涤麻凸条西服呢等衣料透气性好、挺括、凉爽、易洗快干，风格粗犷豪放，适于当作夏季外衣及裙衣面料。

（2）麻棉混纺布。麻棉混纺布风格粗犷、平挺厚实，适于制作外衣、工作服。日本东洋纺生产的 33.3 tex 棉和苎麻及棉和亚麻混纺布中麻的含量为 30%、40%、50%，它们均具有干爽、挺括的风格，且较柔软细薄，适于当作春夏季衬衫面料，如图 5-22 所示。

图 5-22　麻棉混纺布

（3）交织麻织物。是指苎麻纱和棉纱交织布，多为粗、中支纱织物，以平纹组织为多，漂白麻布为主。主要风格特征是质地细密、坚牢耐用，布面洁净，手感均比纯麻织物柔软。其中较轻薄的细支交织麻布适用于制作夏季衬衫、衣裙等，较厚的粗支织物则宜用于制作裤子、海军服、外衣及工作服。

（4）其他麻交织布。国际市场出现的麻、棉、氨纶弹力织物，丝、亚麻交织凸花厚缎等，外观风格新颖别致，穿着舒适，具有多种良好的服用性能，为高档麻交织面料，均适用于作秋冬季外用服装及时装面料。

第三节　毛织物的品种

毛织物可分为精纺呢绒、粗纺呢绒和长毛绒三大类。

一、精纺呢绒

用精梳毛纱织制，所用原料纤维较长而细，梳理平直，纤维在纱线中排列整齐，纱线结构紧密。精纺呢绒的经、纬纱常用双股 36 ~ 60 公支毛线，品种有凡立丁、派力司、板司呢、华达呢、哔叽、啥味呢、驼丝锦、直贡呢、花呢、女衣呢等，多数产品表面光洁，织纹清晰。

1. 凡立丁

凡立丁是采用一上一下平纹组织织成的单色股线的薄型精梳毛织物，如图 5-23 所示，其特点是纱支较细、捻度较大，经、纬密度在精纺呢绒中最小。凡立丁按使用原料，分为全毛、混纺及纯化纤。混纺多用粘纤、锦纶或涤纶，也会使用与粘、锦、涤搭配的纯化纤凡立丁。凡立丁除平纹外，还有隐条、隐格、条子、格子等不同品种。

凡立丁的呢面光洁均匀、不起毛，织纹清晰，色泽鲜艳匀净，光泽自然柔和，质地轻薄透气，有身骨、有弹性，不板不皱。多数匹染素净，色泽以米黄、浅灰为主，适宜制作夏季男女上衣和春、秋季的西装、中山装、裙子等。

图 5-23 为羊毛精仿凡立丁，含 94% 羊毛、6% 氨纶，克重为 176 g/m^2，适合制作西装、大衣、休闲服、工作服、棉服、裤装、时装、外套、连衣裙、羽绒服、夹克等。

2. 派力司

派力司是用混色精梳毛纱织制的平纹毛织物，外观可见纵横交错状的有色细条纹，如图 5-24 所示。经纱一般用股线，纬纱用单纱，织物重量比凡立丁稍轻，约为 140 ~ 160 g/m^2。派力司是条染产品，以混色中灰、浅灰和浅米色为主色，纺纱前，须先把部分毛条染上较深的颜色，再加入白毛条或浅色毛条相混，由于深色毛纤维分布不均，在浅色面上就会呈现出不规则的深色雨丝纹，形成派力司独特的混色风格。派力司织物布面光洁平整，不起毛，经直纬平，光泽自然柔和，颜色新鲜，无陈旧感，手感滑糯不板结，不糙不硬，有身骨、有弹性，纱支条干均匀，是夏季高档呢料。派力司除全毛织品外，还有毛与化纤混纺以及纯化纤派力司。派力司适于制作夏季西装、裤子等。

图 5-23　凡立丁　　　　　　　　　　　　　　　图 5-24　派立司

3．板司呢

板司呢属中厚花呢中的一种，是采用精梳毛纱，由两上两下方平组织织制而成的花呢，属中厚精纺呢绒中的传统高档产品，如图5-25所示。板司呢的织纹颗粒饱满突出，呢面形成小格或细格状花纹，呢身平挺、弹性足、抗皱性能好、花色新颖、配色调和、织纹清晰。板司呢按花色不同可分为素色板司呢、混色板司呢和花色板司呢。板司呢适合制作男女西裤、两用衫、夹克衫、猎装、旅游装、西装、西服裙等。

4．华达呢

华达呢又称轧别丁。华达呢是用精梳毛纱织制、有一定防水性的紧密斜纹毛织物，如图5-26所示。华达呢织物表面常会呈现陡急的斜纹条，斜纹倾斜角度约为63°，一般为右斜纹，织物克重为270 ~ 320 g/m²。华达呢的类型主要有以下三种。

（1）单面华达呢。也称为单面纹，采用二上一下斜纹组织，织物较轻薄，正面纹路清晰，反面纹路模糊，织物克重为250 ~ 290 g/m²，适合制作西装、风衣、夹克衫等。

（2）双面华达呢。采用二上二下斜纹组织，是中厚型华达呢。双面华达呢正面呈右斜纹，反面呈左斜纹，一般经整理后，正面纹路清晰，反面稍差。

（3）缎背华达呢。正面采用斜纹组织，反面采用缎背组织织制，质地厚重。缎背华达呢厚实挺括，织物克重为330 ~ 380 g/m²。

图 5-25　板司呢

图 5-26　华达呢

5．哔叽

哔叽是精梳毛织物中最基本的品种之一，常用织物组织为二上二下斜纹，多为素色毛织物，如图5-27所示。经、纬密度比为0.8 ~ 0.9，呢面斜纹角度在50°左右，斜纹间距较宽，呢面光洁平整，纹路清晰，质地较厚且软，紧密适中，悬垂性好，弹性好，光泽自然柔和，边道平直，适于作学生服、军服和男女套装服料。哔叽可用各种品质羊毛为原料，纱支范围较广，一般为双股30 ~ 60公支。织物克重为：轻薄哔叽190 ~ 210 g/m²，中厚哔叽240 ~ 290 g/m²，厚重哔叽310 ~ 390 g/m²。

6．啥味呢

啥味呢经缩绒整理，外观与粗纺产品法兰绒类似，所以称为精纺法兰绒，如图5-28所示。常用织物组织为二上二下斜纹，斜纹倾斜角度在 50° 左右。啥味呢与哔叽的主要区别在于啥味呢是混色夹花织物，而哔叽是单色织物。啥味呢为条染混色织物，条染混色方法是：在深色中混入部分白毛或其他浅色毛。织物手感柔软、丰满、有身骨、弹性好，呢面平整，绒毛齐短匀净，光泽自然柔和。线密度为 20 tex×2 左右，克重为 230 ~ 330 g/m²。

| 图 5-27　哔叽 | 图 5-28　啥味呢 |

7．驼丝锦

驼丝锦结构较紧密，组织采用纬面加强胸缎纹，织物正面呈平纹效果，反面为缎纹效果。呢面平整，织纹细致，手感柔滑，有弹性，光泽好，织物克重为 280 ~ 370 g/m²。

8．直贡呢

直贡呢又称礼服呢，是精纺毛织物中纱线较粗，经、纬密度大，质地厚重的品种，直贡呢采用急斜纹和缎纹变化组织，呢面织纹凹凸分明，纹路间距小，呢面细洁、活络。经、纬比为 0.75 ~ 0.77，线密度为 16.7 tex×2 ~ 20 tex×2，织物克重为 300 ~ 350 g/m²。

9．花呢

花呢是采用起花方式织制而成的毛织物，如图 5-29 所示。

花呢品种繁多，分类方法不一。按呢面风格分有纹面花呢、呢面花呢、绒面花呢；按重量分有轻薄花呢（195 g/m² 以下）、中厚花呢（195 ~ 315 g/m²）、厚重花呢（315 g/m² 以上）；按原料分有全毛花呢、毛粘花呢、毛涤花呢等；按花样分有素花呢、条花呢、人字花呢、格子花呢等；按制作工艺分有精纺花呢、粗纺花呢、半精纺花呢。此外，还有独具风格的单面花呢、海力蒙、火姆司本等品种。花呢适于制作套装、上衣、西裤等。

10．女衣呢

女衣呢以松结构、长浮线构成各种花型或凹凸纹样，利用联合与变化组织等构成纤细的几何花型，利用复杂组织构成别致多层次的花样，如图 5-30 所示。花型可为平素、直条、横条、格子及不规则的织纹。女衣呢手感柔软，色彩艳丽，在原料、纱线、组织、染整工艺等方面充分运用各种技法，使女衣呢花哨、活泼、随意。

图 5-29　花呢

图 5-30　女衣呢

二、粗纺呢绒

粗纺呢绒是用粗梳毛纱织制。因纤维经梳毛机后直接纺纱，纱线中纤维排列不整齐，结构蓬松，外观多绒毛。粗纺呢绒的经、纬纱通常采用单股 4 ~ 16 公支的毛纱。品种有麦尔登、海军呢、制服呢、法兰绒和大衣呢等。多数粗纺呢绒经过缩呢，表面覆盖绒毛，织纹较模糊，或者不显露。

1. 法兰绒

法兰绒于 18 世纪创制于英国威尔士，我国一般是指混色粗梳毛纱织制的具有夹花风格的粗纺毛织物，其表面有一层丰满细洁的绒毛覆盖，不露织纹，手感柔软平整，如图 5-31 所示。法兰绒适合制作西裤、上衣、童装等，薄型的法兰绒也可当作衬衫和裙子的面料。法兰绒原料采用 64 支的细羊毛，经、纬用 12 公支以上粗梳毛纱，织物组织有平纹、斜纹等，经缩绒、起毛整理，手感丰满，绒面细腻。法兰绒一般克重为 260 ~ 320 g/m²，薄型法兰绒克重为 220 g/m²。多采用散纤维染色，主要是黑白混色配成不同深浅的灰色或奶白、浅咖啡等色。也有匹染素色和条子、格子等花式。法兰绒也有利用精梳毛纱或棉纱作经、粗梳毛纱作纬纺成。另外，粗梳毛纱有时还会掺用少量棉花或粘胶纺制。

2. 麦尔登呢

麦尔登呢是一种品质较高的粗纺毛织物，因首先在英国麦尔登地区生产而得名。麦尔登呢表面细洁平整、身骨挺实、富有弹性，如图 5-32 所示。麦尔登呢具有细密的绒毛覆盖织物底纹，耐磨性好，不起球，保暖性好，并有防水防风的特点，是粗纺呢绒中的高档产品之一。麦尔登呢一般采用细支散毛混入部分短毛为原料纺成，多用二上二下或二上一下斜纹组织，呢坯是经过重缩绒整理或两次缩绒而成。

图 5-31　法兰绒

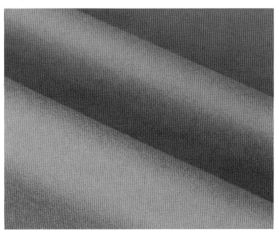

图 5-32　麦尔登呢

3. 海军呢

海军呢又称为细制服呢，是粗纺制服呢类中品质最好的，因所用原料质量好，呢身平挺细洁，如图 5-33 所示。海军呢是由于大多为海军制作制服而得名，世界各国海军多用此类粗纺毛织物做军服。该织物还适宜于制作秋冬季各类外衣，如中山装、军便装、学生装、夹克、两用衫、制服、青年装、铁路服、海关服、中短大衣等。纯毛海军呢的原料选用 58 支毛或二级以上羊毛 70% 以上，精梳短毛 30% 以下，为了提高强力和耐磨性，也可加入 9% 以下的锦纶短纤维；混纺海军呢的原料选用 58 支毛或二级以上羊毛 50% 以上，精梳短毛 20% 以下，粘胶 30% 以下，同时可混入 10% ~ 15% 的锦纶。经、纬纱一般为 125 tex（8 公支 /1）76.9 tex（13 公支 /1）粗纺单纱，采用二上二下斜纹组织，成品的经、纬密度均在 200 根 /10 cm 左右，成品织物克重为 600 ~ 700 g/m^2。颜色多为藏青、黑色、蓝灰色等。海军呢分纯毛海军呢、毛粘海军呢、毛粘锦海军呢。海军呢的主要特点是呢面平整细洁，绒毛密集，均匀覆盖，不露底纹，耐磨，质地紧密，有身骨，基本上不起球，手感柔软有弹性。色泽鲜明匀净，光泽好，保暖性强。

4. 人字呢

人字呢是粗花呢的一种，原为英国海力斯岛人用山羊毛手工纺织的一种粗呢。人字呢大多采用三四级毛，混用部分支数为 48 ~ 50 支的半细毛或粘胶纤维，经散纤维染色，纺成 100 ~ 200 tex（10 ~ 5 公支）混色或单色粗梳毛纱作经、纬，采用二上二下斜纹或破斜纹组织，经轻缩绒（或不缩绒）整理而成，如图 5-34 所示。人字呢织物克重 350 ~ 500 g/m^2。人字呢面粗而松，织纹清晰明显，具有粗犷的风格。手感厚实，身骨挺括，富有弹性，色泽以中深色为主。适合制作男式西上装，也可制作女式上装和风衣等。

图 5-33　海军呢　　　　　　　　　　　　　　　　图 5-34　人字呢

5. 粗花呢

粗花呢是粗纺呢绒中具有独特风格的花色品种，其外观特点就是"花"。与精纺呢绒中的薄花呢相仿，是利用两种或以上的单色纱、混色纱、合股夹色线、花式线与各种花纹组织配合，织成人字、条子、格子、星点、提花、夹金银丝以及有条子的阔、狭、明、暗等几何图形的花式粗纺织物，如图 5-35 所示。

粗花呢采用平纹、斜纹及变化组织，采用原料有全毛、毛粘混纺、毛粘涤或毛粘腈混纺以及粘、腈纯化纤。粗花呢按呢面外观风格分为呢面、纹面和绒面三种。呢面花呢略有短绒，微露织纹，质地较紧密、厚实，手感稍硬，后期整理一般采用缩绒或轻缩绒，不拉毛或轻拉毛；纹面花呢表面花纹清晰，织纹均匀，光泽鲜明，身骨挺而有弹性，后期整理不缩绒或轻缩绒；绒面花呢表面有绒毛覆盖，绒面丰富，绒毛整齐，手感比上两种柔软，后期整理采用轻缩绒、拉毛工艺。

　　粗花呢的花式品种繁多，色泽柔和，主要用于制作春秋两用衫、女式风衣等。

6．大衣呢

　　大衣呢是用粗梳毛纱织制的一种厚重毛织物，因主要用于制作冬季大衣而得名，如图 5-36 所示。大衣呢织物重量一般不低于 390 g/m²，厚重的在 600 g/m² 以上。按织物结构和外观分为平厚大衣呢、立绒大衣呢、顺毛大衣呢、拷花大衣呢和花式大衣呢等。

图 5-35　粗花呢

图 5-36　大衣呢

　　（1）平厚大衣呢。色泽素净，呢面平整，常采用双面组织，有斜纹、破斜纹、纬二重组织等，用 8 ~ 12 公支粗梳毛纱作经、纬，有散毛染色和匹染两种。散毛染色织物以黑色或其他深色为主，掺入少量白毛或其他色毛，俗称夹色或混色大衣呢；匹染织物多用于制作女式大衣。

　　（2）顺毛大衣呢。外观模仿兽皮风格，光泽好，手感柔滑，适于制作女式大衣，如图 5-37 所示。例如，织物多采用斜纹、破斜纹或缎纹组织，绒毛平伏有光泽。使用的原料除羊毛外，常用特种动物毛如羊绒、兔毛、驼绒、牦牛绒等进行纯纺或混纺，成品均以原料为名，称羊绒大衣呢、兔毛大衣呢等。如在原料中掺入马海毛，呢面光泽尤佳，并有闪光效果，有马海毛银枪大衣呢等品种。

　　（3）拷花大衣呢。拷花大衣呢呢面有整齐的立体花纹，质地丰厚，如图 5-38 所示。织物采用纬起毛组织，纬纱有地纬和毛纬两组，地组织用单层组织、纬二重组织或接结双层组织，并在表面织入起毛纬纱。经

图 5-37　顺毛大衣呢

起毛整理后毛纬断裂，簇立起花。拷花大衣呢有顺毛、立绒两种，顺毛手感柔软，立绒质地丰厚。原料选用品质支数为 60 支以上的细羊毛，经、纬纱支数为 9 ~ 10 公支，织物克重 600 g/m² 左右，花纹有人字、斜纹和其他几何形状。此外，还有一种仿拷花大衣呢，是采用一般的人字斜纹组织，用不同色泽的经、纬纱交织而成，绒毛矗立丰厚，并有若明若暗的人字纹。原料常采用品质支数为 58 ~ 60 支的羊毛或拼用部分价廉的纤维。

（4）花式大衣呢。花式大衣呢多为轻缩绒和松结构组织的织物。织纹较明显，常用色纱排列，组织变化或花式纱线等组成人字、点、条、格等粗犷的几何花纹，如图 5-39 所示。原料多选用半细毛，经、纬纱黏度较小，成品手感蓬松，花纹有凹凸感，色泽鲜明，适于制作春、秋大衣。双面大衣呢是花式大衣呢的一种，用 64 支细羊毛纺制 12 ~ 14 公支粗梳毛纱，采用双层斜纹组织，一面做成格子，一面为素色，织物克重 500 ~ 600 g/m²，成衣不设衬里，可正反两面使用。

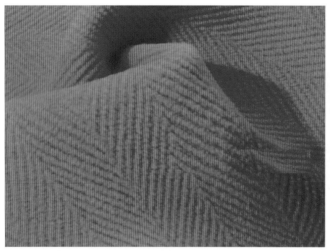

图 5-38　拷花大衣呢

图 5-39　花式大衣呢

第四节　丝织物的品种

随着科学技术的发展，丝绸无论从产量还是从品种，都有了空前的发展，并且，丝绸也从达官贵人的专用奢侈品，进入寻常百姓的生活中，成为人们喜爱的纺织品之一。

传统的丝织物根据组织结构和织造工艺可分为纺、绉、绸、缎、绢、绫、罗、纱、绡、葛、呢、绒、绨、锦 14 大类。下面分别介绍各类丝绸产品的风格特征。

一、纺类

采用平纹组织构成平正、紧密、较轻薄的花、素、条格织物，经、纬一般不加捻。品种有电力纺、绢丝纺、雪纺等。

1. 电力纺

电力纺亦称纺绸，一般采用高级原料为经、纬线，每 10 cm 经密为 500 ~ 640 根，纬密为 379 ~ 450 根，采用平纹组织织成的丝织物，如图 5-40 所示。电力纺的风格特征是布身细密轻薄、柔软滑爽平挺，比一般绸类飘逸透凉，比纱类密度大，光泽洁白明亮，柔和，富有桑蚕丝织物的独特风格。其缩水率大约在 6% 左右。穿着舒适合身，重磅纺重量为 70 g/m²，轻磅纺重量为 20 g/m²。搓洗、拧绞时易变形，适于制作男女衬衫、裙衣、便服等。

2. 绢丝纺

绢丝纺是由绢丝线采用平纹组织织成，如图 5-41 所示。绢丝纺每 10 cm 经密为 400 根，纬密为 300 根左右。绢丝纺具有质地轻薄、绸身轻柔悬垂的特征，本色呈淡黄色，可染色印花，适宜作男女夏季衣料。另外，还有一种柞丝绢丝纺，是用烧毛柞绢丝采用平纹组织织成，比绢丝纺色泽黄，绸面光滑、坚牢耐穿，但滴水易有水渍，适于制作夏季衬衫、裙衣、短裤等。

图 5-40　电力纺

3. 雪纺

雪纺为轻薄透明的织物，如图 5-42 所示。质地轻薄透明，手感柔爽富有弹性，外观清淡雅洁，具有良好的透气性和悬垂性，穿着舒适具有飘逸感。但多次洗涤后色泽容易变灰变浅，不可以暴晒（会发黄），打理起来很麻烦（需要手洗），牢固性不好（易绷纱，缝合处易扯破）。

图 5-41　绢丝纺

图 5-42　雪纺

二、绉类

绉类织物是用纯桑蚕丝的紧捻纱采用平纹组织织成，绸面呈现绉纹的织物，品种有双绉、碧绉、留香绉、顺纡绉等。

1. 双绉

双绉经纱无捻，纬纱采用强捻，且左右相邻两根纬纱采用不同的捻向，一根 Z 捻一根 S 捻相间排列，采用平纹组织进行织造，在练染后因为纬丝退捻力和方向不同，使织物表面呈现均匀皱纹，如图 5-43 所示。双绉是我国传统产品，很早就传到欧洲，法国称双绉为"中国绉"。由于特殊的纱线结构与工艺，使其表面呈现出均匀的细鱼鳞状绉纹，织物光泽柔和典雅，稍有弹性，抗皱性好，手感柔软，轻薄凉爽。

微课：双绉

图 5-43　双绉

双绉按原料分为真丝双绉、合纤双绉、粘胶双绉、交织双绉等；按染整加工分为漂白、染色、印花双绉等。

其中，真丝双绉是对经过染色处理的面料，进行砂洗处理，经砂洗后，双绉面料变厚，手感细腻、柔滑，有弹性，悬垂性好，洗可穿性大为改善，弥补了真丝织物易皱的缺陷，提高了服用性能。真丝砂洗双绉绸面浮现出细而匀的绒毛，手感丰满，光泽柔和，古朴自然，是其他真丝面料无法媲美的。

双绉类织物适合制作女士衣裙、衬衫、礼服等。加工时须注意，双绉缩水率较大，一般在 10% 左右。

2. 碧绉

碧绉亦称单绉，它也是平经绉纬织物，与双绉不同之处是它采用单向强捻纬丝且以三根捻合较多，织物表面具有均匀的螺旋状粗斜纹闪光绉纹，比双绉厚实，其表面光泽较好，质地柔软，手感滑爽，富有弹性，适于制作男女衬衫、外衣、便服等。

3. 留香绉

留香绉经纱为两合股厂丝及有光人造丝、纬纱用三合股强捻丝，多采用平纹提花组织或绉纹提花组织。留香绉的主要特点是绸面绉地色光柔和，呈水浪形织纹，如图 5-44 所示。经面缎花纹饱满，花形清晰美观，鲜艳明亮，光泽自然柔和，色彩鲜艳，雅趣横生；质地细密，手感柔软，富有民族特色。花型以梅、兰、蔷薇为主，质地厚实，富有弹性，坚牢耐用。适于作为棉衣面料或便服衣料等。留香绉还是我国的传统产品，也是少数民族的特需用绸。

4. 顺纡绉

顺纡绉与双绉的区别在于顺纡绉纬纱是采用一个捻向的强捻纱进行织造，经纱无捻，经染整、整理后，纬纱向一个方向收缩，在布面形成顺向绉纹，如图 5-45 所示。顺纡绉织物除了具有双绉织物柔和的光泽、优良的抗皱性外，绉纹更明显和粗犷，弹性更好，穿着时与人体接触面积更小，因此更加舒适，是理想的连衣裙、衬衫、礼服面料。

图 5-44　留香绉 　　　　　　　　　　　　图 5-45　顺纡绉

三、绸类

织物的地纹可采用平纹或各种变化组织，也可同时混用其他组织。绸类品种包括塔夫绸、花线春、柞丝绸、绵绸、双宫绸等。

1. 塔夫绸

塔夫绸经线用两根有色有捻熟丝并捻而成，纬线用三根有色有捻熟丝并捻而成，经、纬丝密度较高且经密大于纬密，织物重约 58 g/m^2，如图 5-46 所示。塔夫绸的品种有素塔夫、花塔夫、方格塔夫、闪色塔夫和紫云塔夫等，其中花塔夫绸是塔夫绸中的提花织物，地纹用平纹，花纹是八枚缎组织。塔夫绸由于经线紧密，使花纹突出光亮、质地坚牢、轻薄挺括、色彩鲜艳，绸面细洁光滑、平挺美观、光泽柔和自然，不易脏污，但易褶皱，折叠重压后折痕不易恢复。常用作各种

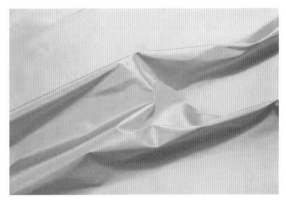

图 5-46　塔夫绸

女士服装、外衣、节日礼服、男士便服等服装衣料及羽绒被套料、头巾、高级伞绸等。另外，塔夫绸的缩水率为 2% 左右。

2. 花线春

花线春亦称大绸，主要产地为浙江杭州、绍兴地区，山东亦产。真丝花线春经纱用厂丝、纬纱用 7.14 tex×2（140 / 2 公支）或 8.33 tex×2（120 / 2 公支）绢纺线；交织花线春则以棉纱作纬纱，均采用平纹小提花组织，经密为 10 cm/461 ～ 465 根，纬密为 10 cm/271 ～ 301 根左右。其风格特征是布面以满地小花或图案为多，质地厚实，但比塔夫绸稍稀，绸面均匀紧密，光泽柔和丰润、坚牢耐用。缩水率为 5% 左右。适用于制作少数民族外衣和礼服、男女便服等。

3. 柞丝绸

柞丝绸均是以柞蚕丝为原料的绸织物，如图 5-47 所示。柞丝绸以平纹和斜纹组织为主，大多采用小捻度纬纱，经纱视其经、纬密度和品种而

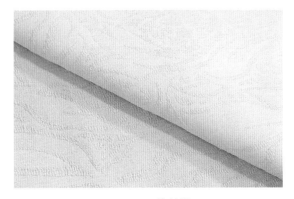

图 5-47　柞丝绸

定。其特点是质地较厚实，手感较桑蚕丝绸略硬，织物有厚有薄，外观形成纬向饱满罗纹，绸身平挺、富有弹性、略有光泽，本色呈米黄色，以本白色为主，是外销抢手面料，适用于制作夏季西服套装、裙衣、便服等。

4．绵绸

绵绸是用缫丝及丝织的下脚丝、丝屑、茧渣等为原料，经绢纺加工成纱线，多采用平纹组织织成的绸织物，如图 5-48 所示。其风格特征是纱条粗细不均而形成不平整绸面外观，另外茧渣使绸面均布满黑色粒子，本白略带乳黄色，稍有闪光点。质地厚实，富有弹性，手感黏柔粗糙，富有粗犷及自然美。价格较低，同时，深色浓郁的色具有高雅大方之感；印花绵绸则更富立体逼真特点，适合用作女用衬衫、便装等面料。

5．双宫绸

一条蚕结一颗茧，这是正常茧，有时两条蚕结成一颗茧，这就是双宫茧，用双宫茧缫的丝就叫双宫丝。双宫茧的单根丝比正常茧的单根丝要粗很多，所生产的双宫丝也就比正常蚕茧生产的丝要粗，适合作外套的面料。

世界上生产双宫丝的主要国家是日本，在 20 世纪初就创建双宫丝厂。我国在 20 世纪 40 年代以后也开始生产双宫丝。我国的双宫丝产量最大，并具有颣节多而分布均匀等特点，主要用于织造双宫绸。双宫绸具有表面有闪光和疙瘩的特殊风格，也称疙瘩绸，如图 5-49 所示。经染色、印花后可制成上衣、外套、头巾、领带以及室内装饰品。在我国，双宫绸还用于织制地毯。

 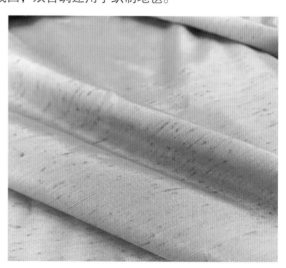

图 5-48　绵绸　　　　　　　　　　　　　　　　图 5-49　双宫绸

四、缎类

缎类织物是地纹的全部或大部分采用缎纹组织织造的花素织物的总称，表面平滑光亮，手感柔软，品种繁多，如素软缎、花软缎、桑波缎等。

1．素软缎

素软缎一般采用生丝作经，有光粘胶人造丝作纬，以八枚缎纹织成。缎面经丝浮线较长，排列细密，具有纹面平滑光亮、质地柔软，背面呈细斜纹状的风格特点，如图 5-50 所示。素软缎有素色和印花两种，其色泽鲜艳，浓郁高雅，适于制作男女棉衣、便服绣衣、戏装等。

2．花软缎

花软缎以桑蚕丝为地，人造丝提花，色泽协调，花纹突出，层次分明，质地柔软光滑，如图 5-51 所示；穿着舒适合身，有华丽富贵之感，适于作男女棉衣、便服、戏装及装饰用布。

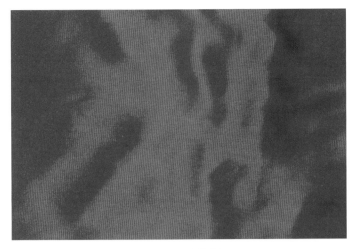

图 5-50　素软缎

图 5-51　花软缎

3．桑波缎

桑波缎属于真丝提花面料中的一种，是将经纱线或纬纱线按照一定的规律进行交织而成，面料表面错落变化，形成花纹或图案，如图 5-52 所示。桑波缎花型品种多，制造工艺复杂，缎面凹凸有致，质地柔软、细腻、爽滑。桑波缎比乔其厚实，不透明，洗涤后不容易褪色，色泽鲜艳。

4．织锦缎和古香缎

织锦缎和古香缎属于丝织物中最为精致的产品，是采用经面缎纹提花组织织成。风格特征是花纹细，织锦缎 10 cm 纬密为 1 020

图 5-52　桑波缎

根，古香缎 10 cm 纬密为 780 根，两者均具有质地厚实紧密、缎身平挺、色泽绚丽的特征。色彩通常为三色以上，最多可达七至十色，属于高档缎织物。二者不同之处是，织锦缎是缎地绒花彩色花纹，有豪华富丽之感，如图 5-53 所示，而古香缎则以古雅山水风景和花卉巧布缎面，其民族工艺风格更浓，且稍松薄，如图 5-54 所示。二者均适于制作女装、装饰品等。

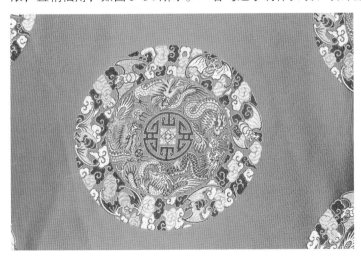

图 5-53　织锦缎

图 5-54　古香缎

五、绢类

绢是采用平纹或重平组织，经、纬线先练白、染单色或复色的熟织花素织物，质地较轻薄，绸面细密、平整、挺括，品种有天香绢、挖花绢等。

1．天香绢

天香绢为传统的绢类织物，是采用 20/23 D 厂丝为经纱，120 D 有光人造丝为纬纱，采用平纹地提花组织织成。其风格特征是质地细密、比缎与锦薄而韧，手感滑软，大多为满地散小花锻纹。但缎纹提花易起毛，耐用性较差，适用做女棉衣、旗袍等。

2．挖花绢

挖花绢由平纹提花组织织成。其风格特征是除绢面有缎纹提花外，在花纹中嵌以突出色彩的手工挖花，具有刺绣制品的风格。适于作为春、秋、冬三季各式服装衣料及戏装衣料。

六、绫类

运用各种斜纹组织为地纹的花素织物，表面具有显著的斜纹纹路，如斜纹绸、美丽绸。

1．广绫

广绫包括素广绫与花广绫两种。一般采用厂丝作经、纬，每 10 cm 经密为 1 060 ～ 1 520 根，纬密为 490 ～ 510 根。通常采用八枚缎纹织成。广绫的风格特征是表面斜纹明显，色光艳丽明亮，绸身略硬，如图 5-55 所示。白坯广绫亦有风姿，适于作为女装镶嵌或服饰用料。

2．采芝绫

采芝绫属人造丝与桑蚕丝交织织物。经向用厂丝、人造丝，纬向用人造丝，以斜纹组织织成。它具有质地厚实，绸面提小花的风格特征。适于作为春、秋、冬季服装面料，婴幼儿斗篷等。

图 5-55　广绫

七、罗类

罗产于浙江杭州，故又名杭罗。杭罗采用平纹组织织造，每隔三根、五根或七根纬线后，做一次经纱的扭绞，分别称为三梭罗、五梭罗、七梭罗。"杭罗织造技艺"已于 2009 年 9 月 30 日经联合国教科文组织批准列入"世界级非物质文化遗产"名录。

根据提花与否，罗还分为素罗和花罗：素罗有二经绞罗、三经绞罗、四经绞罗等；提花罗有菱纹罗、平纹花罗、二经浮纹罗、三经绞花罗等，但现代花罗品种很少。花罗由于织造时无法用箭打纬，工艺比较复杂，明、清以后逐渐消失，经过很长一段时间，花罗织造技艺才在苏州复兴。

1．素罗

素罗采用平纹组织织造，如图 5-56 所示。纱罗状的孔眼在绸面纵向排列者称直罗，横向排列者则称横罗。直罗多用于棉织物，丝织物中常见的是横罗。

2．花罗

如果一块料子上一部分织"绞经纱"一部分织"假纱"，结果就会出现花纹，这种织物称为花罗。

如同在白纸上用黑颜料画画，或在黑纸上用白颜料画画一样，起花部分不同，叫法也不同，绞经为地、平纹起花，称为"亮地纱"，反之称为"实地纱"。图 5-57 所示为花罗中的亮地纱。

图 5-56　素罗　　　　　　　　　　　　　　　图 5-57　花罗

罗织物质地紧密结实、挺括爽滑，纱孔通透，穿着舒适凉快，耐洗涤、耐穿着，适合制作夏季男女服装、汉服、旗袍、便装等。罗衣是对罗织品服装的美称。

古时也用罗来制作蚊帐，具有透气防蚊的功效。由于经编针织物的出现和迅猛发展，大量薄、透、漏、秀的经编针织物物美价廉，逐渐取代了罗织物的市场地位，罗织物渐渐从人们的生活中消失，成了备受冷落的小众产品。

八、纱类

纱是指空隙很大、轻薄透明的平纹丝织物。一般由生丝织造，经、纬丝都加捻，又叫"方空"或"方目纱"。

1. 绉纱

绉纱是采用不同的经、纬纱捻向搭配的强捻纱，平纹织造，经缩捻后布面起绉透明而具有烟雾感的丝织物。

2. 乔其纱

乔其纱是采用强捻丝作经、纬纱，经纱以 2S、2Z 相间，纬纱以 2Z、2S 相间排列，经、纬密均较小，并采用平纹组织织成，如图 5-58 所示。之后的漂练过程中会产生收缩而使绸面具有乔其纱的风格特征，即具有细微均匀的绉纹、明显的纱孔、轻薄而稀疏的质地，悬垂飘逸，弹性好，穿着舒适合体。乔其纱适合制作夏季女式裙衣、衬衫、便装及婚礼服等。

3. 香云纱

香云纱又名薯莨纱，是一种用薯莨的汁水对桑蚕丝织物涂层，再用含矿物质的河涌塘泥覆盖，经过太阳暴晒加工而成的丝绸制品，如图 5-59 所示。

香云纱分为莨纱与莨绸。在平纹地上以绞纱组织提出满地小花纹，有均匀细密小孔眼，并经上胶晒制而成的丝织物称为莨纱；用平纹组织织造绸坯，经上胶晒制而成的丝织物称莨绸。

香云纱表面乌黑发亮、细滑平挺，具有耐晒、耐洗、耐穿、干后不需熨烫的特点，其缺点是表面漆状物耐磨性较差，揉搓后易脱落，因此，香云纱洗涤时宜用清水浸泡洗涤。香云纱适宜制作各种夏季便服、旗袍、香港衫、唐装等。

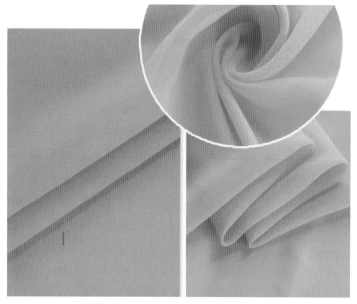

图 5-58　乔其纱　　　　　　　　　　　　图 5-59　香云纱

香云纱的珍贵在于它的全天然，不仅原料天然，染料也是天然的。香云纱的一个完整染制周期需要 15 天，如遇天气因素如下雨还要延长，加上后期处理则需要三个月到半年时间。香云纱的生产流程中浸、洒、封、煮、水洗等每个过程操作都十分繁复讲究，特别是在染料浓度的比例分配上，完全靠经验，并且需要随时调整。

香云纱染整技艺是第二批中国国家级非物质文化保护遗产之一。2011年，包括香云纱在内的 5 个产品获得国家"地理标志产品"保护，同时规定香云纱的产地范围为广东省佛山市顺德区辖区行政区域，也就是说在产地范围外生产香云纱属侵权行为。

香云纱生产工艺流程

九、绡类

绡是采用蚕丝或人造丝、合成纤维为原料以平纹或者变化平纹织成的轻薄透明的织物，如图 5-60 所示，品种有真丝绡、尼丝绡、缎条绡等。

1. 真丝绡

真丝绡又称素绡，是以桑蚕丝为经、纬的绡。真丝绡的经、纬丝均加一定捻度，采用平纹组织织制。经、纬密度均较小，织物轻薄。织坯经半精练（仅脱去部分丝胶）后再染成杂色或印花；也有色织的。绡面起绉而透明，手感平挺略带硬性，织物孔眼清晰，为杭州特产之一，薄如蝉翼，细洁透明，织纹清晰，绸面平挺，手感滑爽，柔软而又富弹性，在国际市场很受欢迎。真丝绡适宜制作女士晚礼服、婚服兜纱、戏装等。

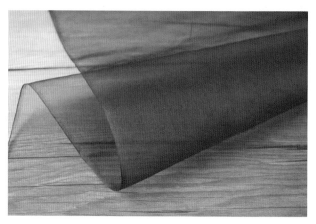

图 5-60　绡

2. 尼丝绡

尼丝绡属于服装配饰用丝织物，以单纤尼龙丝采用平纹织造而成。其质地稀薄透明、挺滑，坚牢耐用，但舒适感差。尼丝绡适于作为头巾、表演服装等用料。

3. 缎条绡

缎条绡是缎纹与透明组织相间排列的一种绡类，主印花，嵌金银丝等，如图5-62所示，适合制作纱巾、连衣裙、礼服等。

图 5-61　尼丝绡　　　　　　　　　　　　图 5-62　缎条绡

十、葛类

葛类一般经细纬粗，经密纬疏，地纹表面少光泽，并有比较明显粗细一致的横向凸纹，经、纬一般不加捻，品种有特号葛、兰地葛等。

1. 特号葛

特号葛是采用两合股线为经、纬向以四股线采用平纹组织提缎纹花织成；具有缎纹亮滑、质地柔软、花纹美观、坚韧耐穿，但不宜多次洗涤的风格特点。适用于制作春、秋、冬季各式女装及男便服，是少数民族及港澳同胞主要消费的衣料品种之一。

2. 兰地葛

兰地葛是以厂丝作经、纬并采用人造丝的交织物。织物粗细纬丝交叉织入，并以提花技巧衬托，从而使绸面呈现不规则细条罗纹和轧花。质地平挺厚实，有高雅文静之感，适用于制作男女便装、外衣等。

十一、呢类

呢一般是指采用绉组织，平纹、斜纹等组织，并应用较粗的经、纬丝线织制而成的质地丰厚的仿毛型感的丝织物，一般以长丝和短纤纱交织为主，也可加中捻度的桑蚕丝和粘胶丝交织而成。根据外观特征，可将呢分为毛型呢和丝型呢两类，其主要品种为大伟呢、纱士呢、五一呢、康乐呢、四维呢、博士呢等。

1. 大伟呢

大伟呢为仿呢织物，属平经绉纬小提花类。正面织成不规则呢地，反面为斜纹变化组织，具有呢身紧密、手感厚实、光泽柔和、绸面暗花纹隐约可见，犹如雕花效果的特征，适合制作长衫、短袄等。

2. 纱士呢

纱士呢是由粘胶丝平经平纬织成的平纹小提花呢类织物，具有质地轻薄、平挺，手感滑爽，外观呈现隐约点纹的特征，常用于制作夏令或春、秋季服装。

十二、绒类

绒一般是指采用桑蚕丝或化纤长丝，通过起毛组织织制而成的表面具有绒毛或绒圈的花素织物。织物具有外观绒毛紧密、耸立，质地柔软，色泽鲜艳光亮，富有弹性等特点。主要品种有天鹅绒、乔其绒、金丝绒、立绒、烂花绒等。

1. 天鹅绒

天鹅绒也称为漳绒，因起源于福建漳州而得名，是我国传统丝织品的一种，如图5-63所示。天鹅绒有花、素之分，表面有绒圈的是素绒，花绒表面则是部分绒圈，按花纹割断成绒毛，使绒毛与圈绒相互衬托，构成花地分明的花纹，具有浓密耸立、光泽柔和、质地坚牢耐磨等特点，手感厚实，富有光泽，色泽多以黑色、紫酱色、杏黄色、蓝色、棕色为主。常用作旗袍、时装等高档服装面料，以及帽子、披肩和沙发、靠垫面料等。其贮存以挂藏为宜，以免绒毛倒伏，影响美观。

2. 乔其绒

乔其绒是采用桑蚕丝和粘胶丝交织的双层经起绒丝织物，由双层分割形成绒毛，如图5-64所示。乔其绒起绒部分采用有光粘胶丝，地经地纬均采用强捻桑蚕丝，故具有绒毛耸密挺立、呈顺向倾斜、手感柔软、富有弹性、光泽柔和等特点。乔其绒可经割绒、剪绒、立绒、烂花、印花等整理，得到烂花乔其绒、烫漆印花乔其绒等名贵品种；宜制作女士晚礼服及少数民族礼服等。

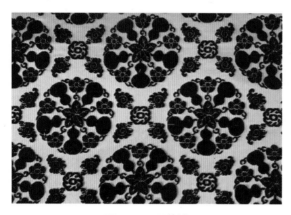

图 5-63　天鹅绒

图 5-64　乔其绒

3. 立绒

立绒是采用桑蚕丝和人造丝相交织的经起毛双层绒织物。织造方法同乔其绒，与乔其绒的区别在于立绒毛密、短而平整，挺立不倒。具有绒身紧密、手感柔软丰满、光泽柔和、质地坚韧等特点，适合制作女士服装、节日盛装等。使用时应防止水滴溅到绒面而出现不美观的水渍痕。

十三、绨类

绨是采用长丝作经、棉纱或蜡纱作纬，采用平纹组织交织的丝织物，具有质地粗厚、耐用，织纹简洁清晰的特点；有素、花绨之分，多用作被面、装饰面料。常见品种有一号绨、蜡线绨、素绨等，图5-65所示为线绨。

图 5-65　线绨

十四、锦类

　　锦是外观瑰丽多彩，花纹精致高雅的色织多梭纹提花丝织物。我国有四大名锦，分别是云锦、宋锦、蜀锦和壮锦。

1. 云锦

　　云锦是具有 600 多年历史的高级艺术丝织物，如图 5-66 所示。主要包括库缎、库锦和妆花缎三类品种。

　　（1）库缎。为缎纹地提本色花较多的桑丝缎。其质地坚实挺括，缎面平整光洁且有亮暗花纹。

　　（2）库锦。是属于一种花纹全部采用金银线织成，且缎面花满，并以小花纹为主的丝织物。其风格特征是织物表面金光闪烁，银光灿烂，颇有富丽华贵之感，质地厚实平挺，唯一不足的是触感欠佳。

　　（3）妆花缎。是云锦中最华丽、有代表性的产品，它是以桑蚕丝、金银线、人造丝为经、纬纱，采用缎纹提花组织织成。花纹色彩变化多样，配色十分复杂，少则四色，多达十八色，具有色彩协调、花纹古色古香的民族风格特征。

视频：云锦

图 5-66　云锦

2. 宋锦

　　宋锦因主要产地在苏州，故又称"苏州宋锦"，如图 5-67 所示。宋锦色泽华丽，图案精致，质地坚柔，被赋予"中国锦绣之冠"的称号，它与南京云锦、四川蜀锦一起被誉为中国的三大名锦。它的主要特征是以经纱和纬纱同时显花。宋锦继承了汉唐蜀锦的特点，并在此基础上又创造了纬向抛道换色的独特技艺，即在不增加纬重数的情况下，整匹织物可形成不同的横向色彩。织造上一般采用"三枚斜纹组织"，图案一般以几何纹为骨架，内填花卉、瑞草或八宝、八仙、八吉祥。八宝指古钱、书、画、琴、棋等，八仙指扇子、宝剑、葫芦、柏枝、笛子、绿枝、荷花等，八吉祥则指宝壶、花伞、法轮、百洁、莲花、双鱼、海螺等。在色彩应用方面，多用调和色，一般很少用对比色。宋锦图案精美、色彩典雅、平整挺括、古色古香，品种有大锦、合锦、小锦三大类。大锦组织细密、图案规整、富丽堂皇，常用于

图 5-67　宋锦

装裱名贵字画、高级礼品盒，也可制作特种服装和花边；合锦是采用真丝与少量纱线混合织成，图案连续对称，多用于画的立轴、屏条的装裱和一般礼品盒；小锦为花纹细碎的装裱材料，适用于小件工艺品的包装盒等。

3．蜀锦

蜀锦又称蜀江锦，是指四川省成都市所出产的锦类丝织品，如图 5-68 所示，起源于战国时期，有两千年的历史，大多以经线起彩，彩条添花，经、纬起花，先彩条后锦群，方形、条形、几何骨架添花的形式织造，具有纹样对称、四方连续、色调鲜艳的特点。对比性强，是一种具有汉民族特色和地方风格的多彩织锦。

蜀锦大多以经向彩条为基础起彩，并彩条添花，其图案繁华，织纹精细，质地坚韧而丰满，配色典雅，纹样风格秀丽，独具一格。如唐代蜀锦的图案有格子花、纹莲花、龟甲花、联珠、对禽、对兽等，十分丰富；唐末，又增加了天下乐、长安竹、方胜、宜男、狮团、八答晕等图案。在宋元时期，发展了纬起花的纬锦，其纹样图案有庆丰年、灯花、盘球、翠池、狮子、云雀，以及瑞草云鹤、百花孔雀、如意牡丹等。明末，蜀锦受到摧残，到了清代又恢复了生产，此时的纹样图案有梅、竹、牡丹、葡萄、石榴等。

视频：蜀锦

图 5-68　蜀锦

第五节　针织物的品种

一、纬编针织面料

纬编针织面料常以低弹涤纶丝或异型涤纶丝、锦纶丝、棉纱、毛纱等为原料，采用平针组织、变化平针组织、罗纹平针组织、双罗纹平针组织、提花组织、毛圈组织等，在各种纬编机上编织而成。它的品种较多，具有良好的弹性和延伸性，织物柔软，坚牢耐皱，毛型感较强，且易洗快干。不过它的吸湿性差，织物不够挺括，且易脱散、卷边，化纤面料易起毛、起球、勾丝。

1．针织汗布

针织汗布是一种薄型针织物，如图 5-69 所示。一般用细号或中号纯棉或混纺纱线，在经编或纬编针织机上用平针、集圈、罗纹、提花等组织编结成单面或双面织物，再经漂染、印花、整理，最后裁制成各种款式的汗衫和背心。针织汗布布面光洁、纹路清晰、质地细密、手感滑爽，纵、横向具有较好的延伸性，且横向比纵向延伸性大，吸湿性与透气性较好，适合制作内衣及床上用品。

2. 珠地网眼布

珠地网眼布由于面料背面呈现四角形状，故又称为四角网眼布。它是利用线圈与集圈悬弧交错配置，形成网孔，又称珠地织物，如图 5-70 所示。按平针线圈与集圈悬弧数目相等或不等，但又相差不多的方式，交替跳棋式配置，形成多种珠地组织。在罗纹的基础上编织集圈和浮线，形成菱形凹凸状网眼效应。采用罗纹组织与集圈组织复合，可在织物表面形成蜂巢状网眼。珠地网眼布因为面料有排列均匀整齐的凹凸效果，和皮肤接触面小，所以透气性和散热性好，排汗性良好，体感舒适度上优于普通的单面汗布组织。常用的原料是棉、丝光棉、棉涤混纺、莫代尔、竹纤维等，一般常用来做 T 恤、运动服等。

图 5-69　针织汗布

图 5-70　珠地网眼布

3. 鱼鳞布

鱼鳞布也叫毛圈布或卫衣布，采用衬垫组织织成，如图 5-71 所示，正面是纬平针效果，反面呈现鱼鳞效果。衬垫纱线的存在，使布料厚度、保暖性、挺括感比纬平针织物好，布面反面的线圈增强了面料的吸湿性，适合制作卫衣、运动服、童装等。

4. 棉毛布

棉毛布是采用双罗组织织成的针织物，如图 5-72 所示。原料大多采用线密度为 14 ~ 28 tex 的棉纱，捻度略小于针织汗布用纱，该织物手感柔软、弹性好、布面匀整、纹路清晰，稳定性优于针织汗布和罗纹布。横向弹力大，具有厚实、柔软、保暖性好、无卷边和有一定弹性

图 5-71　鱼鳞布

等特点，广泛用于缝制棉毛衫裤、运动衫裤、外衣、背心、三角裤、睡衣等。因织物的两面都只能看到正面线圈，故又称为双面布。

5．罗纹布

罗纹布是采用罗纹组织织造而成，如图 5-73 所示，常见的有 1+1 罗纹（平罗纹）、2+2 罗纹等。罗纹针织物具有平纹织物的脱散性、卷边性和延伸性，同时还具有较大的弹性。常用于制作 T 恤的领边、袖口，有较好的收身效果。

图 5-72　棉毛布

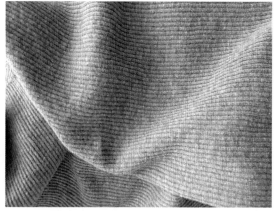
图 5-73　罗纹布

6．罗马布

罗马布是一种纬编针织面料，也叫潘扬地罗马布，俗称打鸡布，如图 5-74 所示。罗马布是四路一个循环，布面没有普通双面布平整，略微有点轻微并不太规则的横条；面料横竖弹性都较好，吸湿性强，但横向拉伸性能不如双面布；具有透气、柔软、穿着舒适的特点；适合制作 T 恤衬、紧身裤、打底衬等。

7．华夫格

华夫格是一种表面呈现方形或菱形的凹凸双面针织物，外表很像华夫饼干，因而得名，如图 5-75 所示。可机洗，不掉毛不起球，适合制作外衣、内衣、运动服等。

图 5-74　罗马布

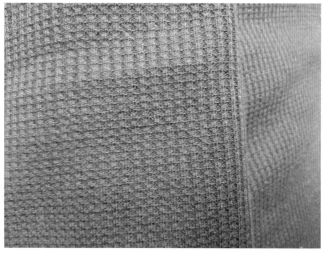
图 5-75　华夫格

8．针织天鹅绒

针织天鹅绒织物手感柔软、厚实、坚牢耐磨，绒毛浓密耸立，色光柔和，如图 5-76 所示。主要用作外衣面料、衣领或帽子用料等。它也可以用经编织造，如经编毛圈剪绒织物。

9. 针织呢绒

针织呢绒既有羊绒织物的滑糯、柔软、蓬松的手感，又有丝织物的光泽柔和、悬垂性好、不缩水、透气性好的特点，如图 5-77 所示。主要作为春、秋、冬季时装面料。

图 5-76 针织天鹅绒

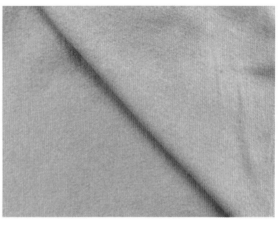

图 5-77 针织呢绒

10. 蚂蚁绒

蚂蚁绒是针织毛圈组织的变化产品，通常是正面毛圈反面起绒、刷绒制成。蚂蚁绒产品手感非常柔软，保暖性好，透气性好，适合当作外套、夹克、保暖内衣、运动服里料或是校服和毯子等各类春、秋、冬季产品的上好面料。

11. 摇粒绒

摇粒绒又称羊丽绒，是针织面料的一种，它是小元宝针织结构，在大圆机编织而成，如图 5-79 所示。织成后坯布先经染色，再经拉毛、梳毛、剪毛、摇粒等多种复杂工艺加工处理，面料正面拉毛，摇粒蓬松密集而又不易掉毛、起球，反面拉毛疏稀匀称，绒毛短少，组织纹理清晰，蓬松，弹性极好。它的成分一般是全涤、毛涤混纺、纯毛，手感柔软，而且有明显的粒子，比机织呢绒更柔软，弹性更好，适体性强，悬垂性好。

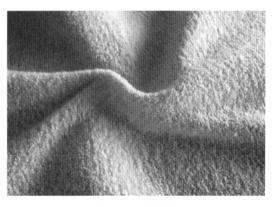

图 5-78 蚂蚁绒

12. 珊瑚绒

珊瑚绒采用新型改性超细涤纶纤维，纤维表面呈蜂窝状，纤维间密度较高，覆盖性好，绒毛犹如活珊瑚般轻软，色彩斑斓，故称为珊瑚绒。珊瑚绒毯吸水性是全棉产品的 3 倍，它采用 100% 超细复合纤维，纤度只有普通纤维的 1/20，具有超强的吸水性，易吸易干，不留水渍，不霉烂，不沾污，抑菌又卫生，使用方便美观，经久耐

图 5-79 摇粒绒

用，同时；清洗方式为手洗即可，便于打理。保暖性极佳，尤其适合阴冷潮湿的南方冬季，适合制作毛毯、睡衣等。

二、经编针织面料

经编针织面料常以涤纶、锦纶、维纶、丙纶等合纤长丝为原料，也有用棉、毛、丝、麻、化纤及其混纺纱作原料织制的。它具有尺寸稳定性好，织物挺括，脱散性小，不会卷边，透气性好等特点。但其横向延伸、弹性和柔软性不如纬编针织物。经编针织面料主要有以下种类。

1．涤纶经编面料

涤纶经编面料布面平挺，色泽鲜艳，有厚型和薄型之分。薄型的主要当作衬衫、裙子的面料；中厚型、厚型的则可作男女式风衣、上装、套装、长裤等面料。

2．经编起绒织物

经编起绒织物主要当作冬季男女大衣、风衣、上衣、西裤等的面料，织物悬垂性好，易洗、快干、免烫，但在使用中静电积聚，易吸附灰尘。

3．经编网眼织物

经编网眼织物的质地轻薄，弹性和透气性好，手感滑爽柔挺，主要当作夏令男女衬衫面料。

4．经编丝绒织物

经编丝绒织物表面绒毛浓密耸立，手感厚实、丰满、柔软，富有弹性，保暖性好，主要当作冬令服装、童装面料。

5．经编毛圈织物

经编毛圈织物手感丰满厚实，布身坚挺，弹性、吸湿性、保暖性均良好，毛圈结构稳定，具有良好的服用性能，主要当作运动服、翻领 T 恤衫、睡衣裤、童装等的面料。

思考与训练

1. 棉、麻、丝、毛织物风格特征各是什么？
2. 精纺毛织物与粗纺毛织物的区别是什么？
3. 简述雪纺的风格特征。

第六章
服装里料和辅料

第一节　服装辅料概述

　　服装辅料是随着服装的演变形成和发展的。与面料一样，辅料的装饰性、加工性、舒适性、保健性、耐用性、保暖性、功能性及经济性都直接影响着服装的整体性能和销售情况。所以，服装辅料是服装的重要材料，了解服装辅料的有关知识，正确地掌握和选用辅料，并在外观、性能、质量和价格等方面与服装面料相匹配，是服装设计和生产中不可忽视的方面。一件服装如果没有服装辅料和衬料来辅助造型与加工，很难达到预期的设计效果，甚至无法满足基本服用要求。因此，服装辅料的功能不可忽视。服装辅料根据功能，划分为里料、衬料、填料、线带类辅料、紧扣类辅料、装饰材料及其他材料。

第二节　服装里料

服装里料是指服装最里层的材料，是用来覆盖服装里面的材料，主要应用天然纤维、化学纤维或者混纺、交织的织物，它在服装中起着十分重要的作用，有时也受流行趋势的影响。一般中高档服装或外衣型服装都应用里料，内衣型服装不用里料。应用里料的服装大多可以提高其档次和增加其附加价值。

一、服装里料的种类

服装里料种类较多，分类方法也不同，这里主要介绍以下两种分类方法。

1．按里料的加工工艺分类

（1）活里。由某种紧固件连接在服装上，便于拆脱洗涤。虽加工工艺较为烦琐，但对某些不易洗的面料，如缎类、锦类、羽绒服、裘皮服装等，最好还是采用活里。

（2）死里。固定缝制在服装上，不能拆洗。加工工艺简单，制作方便，洗涤时与面料一起洗，但会影响面料的使用寿命及服装的造型。

（3）半里。半里是对经常摩擦的部位配上里子，比较经济，适用于夏季服装或中低档面料的服装。

（4）全里。服装内层都安有里子，加工成本较高，通常用于高档服装。

2．按里料的使用原料分类

（1）棉布类。棉布里料具有较好的吸湿性、透气性和保暖性，穿着舒适，不易产生静电，有各种颜色和重量，可以手洗、机洗和干洗，且价格适中；不足之处是弹性较差，不够光滑，多用于婴幼儿服装、童装、夹克衫等休闲类服装，如市布、粗布、绒布、条格布等。

（2）真丝类。真丝里料具有很好的吸湿性、透气性，质感轻盈，美观光滑，不易产生静电，穿着舒适；不足之处是强度偏低，质地不够坚牢，经、纬纱易脱落，且加工缝制较困难，多用于可贴身穿着的服装，如连衣裙、衬衫等高档服装。常用的真丝里料有塔夫绸、花软缎、电力纺等。

（3）化纤类。化纤里料一般强度较高，结实耐磨，抗褶性能较好，并具有较好的尺寸稳定性、耐霉蛀等性能，不足之处是易产生静电，服用舒适性较差，由于其价格低廉而广泛应用于各式中、低档服装。常用化纤里料有美丽绸、涤纶塔夫绸、醋酸纤维面料等。

（4）混纺交织类。这类里料的性能综合了天然纤维里料与化纤纤维里料的特点，服用性能有所提高，适用于中档及高档服装，如羽纱、棉涤混纺里布等。

（5）毛皮及毛织品类。这类里料最大的特点是保暖性极好，穿着舒适，多应用于冬季服装及皮革服装以及各种毛皮及毛织物等。

二、服装里料的作用

1．保护面料

里料可以防止汗渍浸入面料，减少人体或内衣与面料的直接摩擦，尤其是呢绒和毛皮服装能防止面料（反面）因摩擦而起毛，延长面料的使用寿命。对易伸长的面料来说，可以限制服装的伸长，并减少服装的褶裥和起皱。

2．装饰遮盖

服装的里料可以遮盖不需要外露的缝头、毛边、衬布等，使服装整体更加美观，并获得较好的保型性。薄透的面料更需要里料起遮盖作用。对于带有絮料的服装也具有一定的衬托作用。

3．衬托

面料较轻薄柔软的服装，可以通过里料来达到坚实、平整的效果，增加立体效果，因此里料具有一定的衬托作用。

4．美观和穿脱方便

由于大多数里料柔软，穿着舒适，光滑的衣里在穿脱服装时可以起到顺滑作用，使服装易于穿脱，特别是面料较为粗涩的服装。另外，对于含有光滑里料的服装，人体活动时也不会因摩擦而随之扭动，可保持服装挺括的自然状态。

5．增加保暖性

带里料的服装可增加厚度，尤其是用毛皮作里料的服装，秋冬季节保暖性大大提高。另外，作为皮衣的夹里，它能够使毛皮不被沾污，保持毛皮的整洁。

三、选配服装里料的基本原则

服装里料的选择必须与面料相匹配，同时在受到服装款式和面料限制的情况下，具体应考虑以下几个方面的内容。

1．厚薄、质地、色彩相配

呢绒、毛皮等较厚重的面料，应配以相对较厚的里料，如美丽绸、羽纱等；而丝绸等相对较薄的面料应配以薄型里料，如细布、电力纺、尼龙绸等；质地柔软的面料须选用柔软的里料，如选用硬挺的里料将影响面料的悬垂效果。里料的颜色一般须与面料相协调，尽量采用同色或近似色，特殊情况可以采用对比色或同类色，如装饰性里料。一般女装里料颜色比面料颜色浅，浅色面料应配不透色的浅色里料。特别是碎花面料，选择浅色里料更能突出面料花型。

2．性能相配

服装里料必须具备良好的物理性能，并与服装面料的性能相配。这里主要指里料的缩水率、耐热性能、耐洗涤性能、比重及厚度都须与面料相配，从而满足服装外观造型的需求。如秋、冬季厚重保暖服装，选配里料时应考虑里料的防风保暖性能，一般选择密度大、较为厚重的材料。

3．经济实用性

选配里料还须考虑经济实用性，里料的实用性与经济价值应与面料相当，在满足穿着需求的基础上，里料的价格不得超过面料的价格，须属同一档次。里料的坚牢度须与面料相差不多，过于结实的里料与不耐磨、易破损的面料相配，意义不大。

4．裁剪方法的统一性

里料在裁剪时裁法（直裁、横裁或斜裁）要与面料裁片保持一致，以确保达到服装的最终设计造型要求。

第三节　服装衬料

服装衬料是附在服装面料和里料之间的材料，它是服装的骨骼，起着衬垫和支撑的作用，保证服装的造型美，而且适应体型、身材，可增加服装的合体性。它还可以对人体起修饰作用。服装衬料多用于服装的前身、肩、胸、领、袖口、袋口、腰等部位。服装衬料可以提升服装的穿着舒适性，提高服装的服用性能和使用寿命，同时改善其加工性能。

一、服装衬料的种类

服装衬料大体上包括衬布和衬垫两种。

1. 衬布

衬布主要用于服装衣领、袖口、衣边及西装胸部等部位，鲜有一些是用于布袋、皮包等地方。衬布一般情况下都含有热熔胶涂层，俗称为粘合衬，根据底布的不同，将粘合衬分为有纺衬与无纺衬。有纺衬底布是梭织或针织布，而无纺衬底布则由化学纤维压制而成。衬布主要有下述几种。

（1）棉衬布。棉衬布有粗布类和细布类之分。粗布类属于棉粗平布织物，其外表比较粗糙，有棉花杂质存在，布身较厚实，质量较差，一般用于做大身衬、肩盖衬、胸衬等。细布类属于棉细平布织物，其外表较为细洁、紧密。细布衬又分本白衬和漂白衬两种。本白衬一般用于做领衬、袖口衬、背权衬、牵带等，漂白衬则用于做驳头衬和下脚衬。

（2）麻布衬。主要有麻布衬和平布上胶衬两种。麻布衬属于麻纤维平纹组织织物，弹性较好，可用于做各类毛料服装及各种大衣。平布上胶衬是棉与麻混纺的平纹织物，并且经过上胶。平布上胶衬挺括滑爽，弹性和柔韧性较好，柔软度适中，但缩水率较大，要预算缩水后再使用。平布上胶衬主要用于制作中厚型服装，如中山装、西装等。

（3）动物毛衬。主要有马尾衬和黑炭衬两种。马尾衬是以羊毛为经、马尾为纬交织而成的平纹组织织物，其幅宽与马尾的长度大致相同，特点是布面疏松，弹力很强，不易褶皱，挺括度好。常用作高档西装的胸衬。经过热定型的胸衬能使服装胸部饱满美观。黑炭衬又称毛鬃衬或毛衬，是由牦牛毛、羊毛、人发等混纺后再交织而成的平纹组织织物，它的色泽以黑灰色或杂色居多，其特点为硬挺度较高、弹性好，多用于做高档服装的胸衬、驳头衬等。

（4）化学衬。又叫粘合衬，是一种在织造或非织造的基布上附着一层热熔胶（黏合剂）的黏合型衬布。其种类很多，按织造的方法可分为有纺衬和无纺衬，这是最常用的两种。按所用黏合剂的不同分为平光粘合衬和粒子粘合衬。平光粘合衬一般用于较平滑、弹性一般的织物上，特别适合用于合纤织物；粒子粘合衬一般用于呢绒织物或易起毛的织物上，具有质轻、挺括、柔软和使用方便的特点。

归根结底，粘合衬的品质直接决定着服装成衣质量。所以，在选购粘合衬时，除了关注其外观，还要考察衬布参数性能是否适合成衣品质的要求。第一，需要检验衬布的热缩率，要尽量与面料热缩率相吻合；第二，要有良好的可缝性和裁剪性；第三，要求能在较低温度下与面料牢固黏合；第四，要尽量避免高温压烫后面料正面渗胶现象的发生；第五，附着须牢固持久，抗老化，抗洗涤。

2. 衬垫

衬垫包括上装用的肩垫、胸垫，以及下装用的臀垫等，质地厚实柔软，一般不涂胶。衬垫相比于衬布，用途没有前者那么多，原料组成要求也相对宽松一些，尽管如此，还是必须重视衬垫与服装的配合，否则也会产生事倍功半的后果。

（1）肩垫。肩垫是衬在上衣肩部的三角形衬垫物，作用是使服装肩部平整，加高加厚，使后背方正，两肩圆顺饱满，服装整体平展对称，达到挺括、美观的目的，同时还可以起到修饰整体造型的作用。

肩垫按成型方式可以分为以下两种。

①热塑型。利用模具成型和熔胶粘合技术，可以制作出款式精美、表面光洁、手感适度的肩

垫，广泛适用于各类服装，尤其适用于薄型面料的服装。

②缝合型。利用拼缝机及高头车等设备，可将不同原材料拼合成不同款式的肩垫，其产品造型及表面光洁度较差，多用于厚型面料服装。

③切割型。用切割设备将特定的原材料如海绵等进行切割，可以制成肩垫，但由于海绵肩垫的固有缺陷如易变形、变色等，这类肩垫属于低级产品。

（2）胸垫。胸垫是衬在上衣胸部的一种衬垫物，又称为胸绒，主要用于西服、大衣等服装的前胸部位，其目的是使服装弹性好、挺括、丰满、造型美观、保型性好。胸垫一般使用毛麻衬、马尾衬、黑炭衬及非织造布制作。尤其是非织造布胸垫具有重量轻、裁后切口不脱散、保型性良好、洗涤后不收缩、保暖性好、透气性好、耐霉菌、手感好等多种特点，与机织物相比，非织造布向性要求低，使用方便，价格低廉，经济实用。

（3）领底呢。领底呢又叫领垫，是服装衣领的专用材料，主要应用于西服、大衣和制服等造型挺括的服装，可以使衣领平伏，内里贴合，造型美观。主要使用材料有羊毛粘、粘胶及尼龙长丝刺等。领底呢选择时须与面料颜色一致，防止服装衣领反吐领底呢，致使其外露。

二、服装衬垫材料的选配

1．应与服装面料的性能相匹配

一件服装的诞生须经过很多工序，所以在服装设计之初，设计师往往将要求精细到具体的某个部位，衬料的具体要求也会专门列出一张清单，一般情况下设计师都会从衬料的颜色、单位重量、厚度、悬垂性等方面去考虑。例如，法兰绒等厚面料应使用厚衬料，而丝织物等薄面料则用轻柔的丝绸衬，针织面料则使用有弹性的针织（经编）衬布；淡色面料的垫料色泽不宜深；涤纶面料不宜用棉类衬等。

2．应与服装不同部位的功能相吻合

服装在设计之初除了要考虑一些时尚元素外，更多的是考虑服装的舒适度，而衬料与服装的搭配适当与否直接关系着服装的畅销与否。一般情况下，硬挺的衬料多用于领部与腰部等部位，一些别出心裁的设计师则会适当在一些服装的缝口位置填充一些衬料，以此来突出服装的风格，特别是享誉全球的大设计师更喜欢运用此种操作来彰显服装风格。外套的胸衬则须使用较厚的衬料，这个时候衬料的作用就充分体现出来，一些瘦小的人通常都会第一时间考虑购买胸部衬料充实的外套来改善自己的体型；而手感平挺的衬料一般用于裙裤的腰部以及服装的袖口，这样穿着舒适而且富有线条美。

3．应与服装的使用寿命相匹配

小部分不能决定大部分的命运，但往往小部分影响着大部分的命运格局。服装整体和衬料的搭配也是一样的道理。须水洗的服装则应选择耐水洗衬料，同时要兼顾衬料的洗涤与熨烫尺寸的稳定性；肩垫的衬料使用则要考虑保型能力，目的是确保衬料在衣服寿命期间不变形。

4．应有相配套的生产设备

不同的衬料要使用不同的生产设备，也就是要求须有与衬料相配套的加工设备，这样有利于充分发挥衬垫材料辅助造型的特性。所以，在选购衬料的制作材料时，要结合黏合及加工设备的工作参数，有针对性地选择，从而起到事半功倍的效果。

第四节　服装填料

服装填料也可称为填充材料，是指服装面料与里料之间起填充作用的材料，如棉服里面的絮

棉、羽绒服里面的羽绒等。

一、服装填料的品种

随着纺织科技的不断进步与发展，新型填充材料不断涌现，轻薄、保暖、保健、卫生等是服装填料的主要功能，目前市场上常见的服装填料品种主要有以下几种。

1．棉花

棉花是最常见的填充材料，因其轻柔保暖，价格低廉，是长期以来冬季棉服的主要填充材料。但长时间使用后，棉絮板结，保暖性会下降。

2．丝绵

丝绵是用下脚茧和茧壳表面的浮丝为原料，经过精炼，溶去丝胶，扯松纤维而成。保暖性好，供作衣絮和被絮之用。

丝绵最早的用途是用来制作冬衣，古代汉人夏季服葛麻纱罗、冬季以丝绵充絮，如图6-1所示。颜师古注："渍茧擘之，精者为绵，粗者为絮。今则谓新者为绵，故者为絮。"简单地说，就是以下脚茧和茧表面的乱丝为原料加工而成的絮状物，好一点的称为绵，次一等的称为絮。

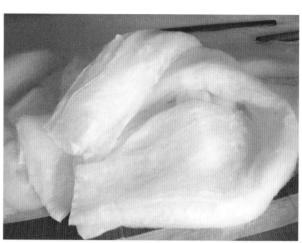

图 6-1　丝绵

3．羽绒

羽绒是长在鹅、鸭的腹部成芦花朵状的绒毛，成片状的叫羽毛。由于羽绒是一种动物性蛋白质纤维，比棉花（植物性纤维）保温性高；且羽绒球状纤维上密布千万个三角形的细小气孔，能随气温变化收缩膨胀，产生调温功能；还可吸收人体散发流动的热气，隔绝外界冷空气的入侵。从保暖程度上看，法国的科研机构公布的研究结果显示，目前世界上还没有任何保暖材料超过羽绒的保暖性能。因为羽绒每根绒丝在放大镜下均可以看出是呈鱼鳞状的，有数不清的微小孔隙，含蓄着大量的静止空气，由于空气的传导系数最低，形成了羽绒良好的保暖性；加之羽绒又充满弹性，以含绒率为50%的羽绒进行测试，它的轻盈蓬松度相当于棉花的2.5倍、羊毛的2.2倍，所以羽绒被不但轻柔保暖，而且触肤感也很好。另外，天然羽绒还具有其他保暖材料所不具备的吸湿发散的良好性能。据测定，人在睡眠时身体会不断向外发散汗气，一个成年人一夜散发出的汗水约100克左右，羽绒能不断吸收并排放人释放出的汗水，使身体没有潮湿和闷热感。

羽绒主要分为以下几种类型。

（1）鹅绒。绒朵大、羽梗小、品质佳、弹性足、保暖强。

（2）鸭绒。绒朵、羽梗较鹅绒差，但品质、弹性和保暖性都很高。

（3）鹅鸭混合绒。绒朵一般，弹性较差，但保暖性较好。

（4）飞丝。由毛片加工粉碎，弹力和保暖性差，有粉末，品质较次，洗后容易结块。

4．腈纶棉

腈纶棉蓬松性、保暖性好，手感柔软，有良好的耐气候性和防霉、防蛀性能。腈纶棉的保暖性比羊毛高15%左右。腈纶人造毛皮、长毛绒等是良好的填充料，缺点是易起静电。

5．涤纶棉

涤纶棉弹性好，膨松度强，造型美观，不怕挤压，易洗，快干，实用。涤纶呈棉片状，便于裁剪加工，适合制作棉被、棉衣等。中空涤纶棉如七孔棉、九孔棉弹性好、抗压扁，采用先进的梳棉机、绗缝机可将棉布制成双人枕、单人枕、坐垫、空调被、保暖被等床上用品，适合新婚夫妇、儿童、老人等各个层次的人选用。

6. 太空棉

太空棉也叫慢回弹海绵，如图 6-2 所示，是由美国太空总署的下属企业所研发，是一种开放式的细胞结构，具有温感减压的特性，可以算是一种温感减压材料。把这种材料应用在航天飞机上，是为了缓解宇航员所承受的压力，特别是航天飞机在返回和离开地面时，宇航员所承受的压力最大也最危险，为保护宇航员的脊椎，故发明了这种材料。太空棉基层是涤纶弹力绒絮片，金属膜表层是由非织造布、聚乙烯塑料薄膜、铝钛合金反射层和表层（保护层）四部分组成。

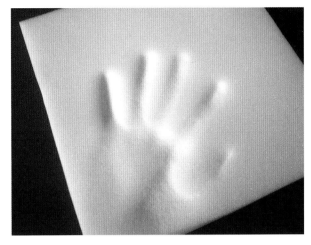

图 6-2　太空棉

另外，还有一种民用太空记忆棉枕头，是由美国宇航局下属的康人健康睡眠研究中心研发的第二代温感减压材质制成。所谓温感，是指对人体体温进行感应，减压就是吸收人体压力。当人体接触材质时，材质就会对人体温度进行感应，逐渐变得柔软起来，同时吸收人体压力，从而将人体调整到最舒适的姿势状态。在床垫和枕头上所表现出来的是，当人躺在床垫和枕头上时，仰卧时脊椎呈 S 形自然生理弯曲状态，侧卧时脊椎不侧弯。同时，床垫和枕头对人体没有压迫点。太空记忆棉枕头的特点有如下几点。

（1）头枕在上面时感觉好像浮在水面或云端，皮肤感觉没有压迫，又称为零压力。我们使用平常的枕头时会有压迫耳廓的现象，但是使用记忆棉枕头就不会出现这种情况。

（2）按照人体工程学设计，记忆变形，自动塑形的能力可以固定头颅，减少落枕可能；还可以恰当填充肩膀空隙，避免肩膀处被窝漏风的常见问题，可以有效地预防颈椎问题。

（3）防菌抗螨，慢回弹海绵抑制霉菌生长，驱除霉菌繁殖生长产生的刺激气味，当有汗渍、唾液等情况下，效果更为突出。

（4）透气吸湿，由于每个细胞单位间是相互连通的，吸湿性能绝佳，同时也是透气的。

三、服装填料的选配原则

服装填料的选配应考虑服装的款式与性能，还要注意应与服装面料和里料相匹配。

第五节　服装辅料

服装辅料主要分为线带类辅料和绳带类辅料。

一、线带类辅料

线带类辅料主要是指缝纫线以及各种线绳、线带材料。

缝纫线用于缝合各种服装材料，具有实用与装饰双重功能。缝纫线质量的好坏，不仅影响缝纫效果及加工成本，也影响成品外观质量。因此，特将缝纫线形成的一般概念、捻度、捻度与强力的关系、分类、特点与主要用途、选用进行具体介绍，方便企业制定标准，在进行相关试验时有针对性地确定缝纫线。

（一）缝纫线的分类

缝纫线主要分为天然纤维缝纫线、合成纤维缝纫线与混合纤维缝纫线 3 类。

1．天然纤维缝纫线

（1）棉缝纫线。以棉纤维为原料经炼漂、上浆、打蜡等环节制成的缝纫线。棉缝纫线又可分为无光线（或软线）、丝光线和蜡光线。棉缝纫线强度较高，耐热性好，适于高速缝纫与持久压烫。主要用于棉织物、皮革及高温熨烫衣物的缝纫，缺点是弹性与耐磨性较差。

（2）蚕丝线。用天然蚕丝制成的长丝线或绢丝线，有极好的光泽，其强度、弹性和耐磨性能均优于棉线。适于缝制各类丝绸服装、高档呢绒服装、毛皮与皮革服装等。

2．合成纤维缝纫线

（1）涤纶短纤缝纫线。采用 100% 聚氨酯涤纶短纤作为原料制造，如图 6-3 所示，具有强度高、弹性好、耐磨、缩水率低、化学稳定性好的特点，且表面有毛丝，耐温 130 ℃，高温染色。涤纶原料是所有物料中最能抵受摩擦、干洗、石磨洗、漂白及其他洗涤剂的材料，具有低伸度及低伸缩率以及柔韧、服帖、颜色全、色牢度好等特点，保障了极佳的可缝性，并能防止褶皱和跳针。主要用于牛仔、运动装、皮革制品、毛料及军服等工业缝制，是目前使用范围最广的缝纫线。

图 6-3　涤纶短纤缝线

常见面料所用纤维线相关规格参数如表 6-1 所示。

表 6-1　常见面料所用纤维线相关规格参数

缝纫线规格	长度（单位为码）	适用面料
29.5*2（20/2）	3 000 y 5 000 y	牛仔服饰、鞋履、帽子、皮革制品等
29.5*3（20 s/3）	2 000 y 3 000 m	牛仔服饰、鞋履、手袋、皮革制品等
19.7*2（30 s/2）	3 000 y 5 000 y	工艺制品、手袋、防护服饰等
19.7*3（30/3）	3 000 y 5 000 y	牛仔服饰、帐篷、皮革制品、手袋、鞋履等
14.8*2（40 s/2）	3 000 y 5 000 y 10 000 y	裤子、外衣、西服、衬衣等
14.8*3（40 s/3）	3 000 m 5 000 y	防护服饰、工艺制品、鞋履等
11.8T*2（50 s/2）	5 000 y 10 000 y	针织服饰、女装、内衣裤等
11.8T*3（50 s/3）	3 000 m 5 000 y	工艺制品、装饰缝纫、野外服饰等
9.8T*2（60 s/2）	5 000 y 10 000 y	超薄织物、内衣、女装等
9.8T*3（60 s/3）	3 000 m 5 000 y 10 000 y	外衣、西服、裤子、床单、被服、毯子等
7.4T*2（80 s/2）	5 000 y 10 000 y	绣花底线、服饰扎线等
7.4T*3（80 s/3）	5 000 y 10 000 y	内衣、女装、礼服等

（2）锦纶缝纫线。采用纯锦纶复丝织造，分长丝线、短纤维线和弹力变形线，是由尼龙长丝纱

线捻合而成，质地平顺、柔软，延伸率为 20% ~ 35%，有较好的弹性，耐磨度高，耐光性能良好，防霉，着色度为 100 度左右，低温染色。因其线缝强力高、耐用、缝口平伏、能切合，因此被广泛使用。

锦纶缝纫线最大的优势在于透明，因为该种缝纫线透明、色性较好，所以降低了缝纫配线的困难，发展前景广阔。不过限于目前市场上透明线的刚度太大、强度太低、线迹易浮于织物表面、加之不耐高温、缝速不能过高的缺点，这类线主要用作贴花、扦边等不易受力的部位。

（3）维纶缝纫线。维纶纤维制成，强度高，线迹平稳，主要用于缝制厚实的帆布、家具布、劳保用品等。

（4）腈纶缝纫线。由腈纶纤维制成，捻度较低，染色鲜艳，主要用于装饰和绣花。

（5）涤纶长纤高强线。又名特多龙高强线、聚酯纤维缝纫线等。采用高强低伸的涤纶长丝（100%聚酯化纤）作原料，具有强力高、色泽艳、光滑、耐酸碱、抗腐蚀、上油率高等特点，不过耐磨性差，比尼龙线硬，燃烧会冒黑烟。

3．混合纤维缝纫线

（1）涤棉缝纫线。采用 65% 的涤纶、35% 的棉混纺而成，兼有涤和棉的优点，强度高、耐磨、耐热、缩水率好，主要用于全棉、涤棉等各类服装的高速缝纫。

（2）包芯缝纫线。长丝为芯，外包天然纤维制成，强度取决于芯线，耐磨与耐热取决于外包纱，主要用于高速及牢固的服装缝纫。随着劳动生产效率的进一步提高，以及高速缝纫机的大量推广使用，包芯缝纫线的应用范围不断扩大。原因是高速缝纫时由于缝针和织物间的摩擦，在缝针上会产生大量的热量；当要缝纫的织物层数增多（如衬衣领等），缝针的温度就会急剧升高，尤其缝纫速度在 5 000 针 /min 以上时，缝针会超过 300 ℃，而高强力的涤纶长丝熔点为 255℃ ~ 260 ℃，所以涤纶长丝线易断。采用包芯线可以避免以上问题，因为包芯线中的涤纶长丝不与缝针针眼直接接触，而且表层纤维能够快速散热。高强涤纶及棉包芯缝纫线是用高强度的涤纶长丝外包棉型涤纶短纤维或优质长绒棉的方法制成。以上两种产品既具有涤纶长丝缝纫线的高强度，又具有涤纶短纤缝纫线的自然毛羽和手感，非常适合于高速缝纫，完全能够满足服装面料的风格及其他技术领域用线的要求，具有广阔的发展前景。

包芯缝纫线主要分为以下两种类型。

①棉包涤缝纫线。采用高性能的涤纶长丝与棉，经特殊棉纺工艺纺制而成，具有长丝般的条干，质地光滑，毛羽少，伸缩小，具有棉的特性。

②涤包涤缝纫线。采用高性能的涤纶长丝与涤纶短纤，经特殊棉纺工艺纺制而成，具有长丝般的条干，质地光滑，毛羽少，伸缩小，优于同规格的涤纶缝纫线。

（二）缝纫线的选配

1．与面料特性一致

缝纫线的收缩率、耐热性、耐磨性、耐用性等应与缝合面料的性质统一，避免缝纫线与面料差异过大而引起皱缩。一般薄型面料用细线，硬而厚的面料用粗线。

2．与缝纫设备协调

平缝机选用 S 捻缝纫线，在缝合过程中，缝纫线可加捻，保持线的强度。

3．与线迹类型协调

包缝机选用细棉线，缝料不易变形和起皱，且使链式线迹美观，双线线迹应选用延伸性好的缝纫线；裆缝、肩缝等反复拉伸部位应选用坚牢的缝纫线；锁扣眼应选用耐磨缝纫线；钉扣子应选用强度大的缝纫线。

4．与服装类型协调

特种服装，如弹性服装应选用弹力缝纫线，消防服装应采用耐热坚牢和经过防水整理的缝纫线。

二、绳带类辅料

绳带类辅料品种较多，主要有提花织带、提花绳、提花嵌条、民族花边，各类松紧绳带、嵌条织带、装饰彩条带、针织包边带、裤带、安全带、麻绳、尼龙绳、色纱绳、花边带、扣带、水浪带等。如图6-4所示为织带。

图 6-4　织带

第六节　紧扣类辅料

紧扣类辅料在服装中主要起连接、组合和装饰的作用，它包括纽扣、钩、环、拉链与尼龙子母搭扣等。钩是安装于服装经常开闭处的一种连接物，由左右两件组成，主要有领钩、裤钩及搭扣（又称尼龙搭扣或魔术贴）；环是一种可调节松紧的金属制品，常用的品种有裤环、拉心环、腰夹等；纽扣既具有开、合作用，又具有装饰作用。

一、紧扣类辅料的种类

（一）纽扣

纽扣是指套入纽襻把衣服等扣合起来的小形球状物或片状物。

1．纽扣的分类

（1）按形状分，纽扣有圆形、方形、菱形、椭圆形、叶形等。

（2）按花色分，纽扣有凸花、凹花、镶嵌、包边等。

（3）按原料分，纽扣有胶木、皮革、贝壳、珠光、电镀、金属、合成材料等。

（4）按加工工艺分，纽扣有蝴蝶纽、金鱼纽、梅花纽、鸡心纽等。

合成材料纽扣是目前世界纽扣市场上数量最大、品种最多、最为流行的一种，是现代化学工业发展的产物。这类纽扣的特点是色泽鲜艳，造型丰富而美观，价廉物美，深受广大消费者的青睐，但耐高温性能较差，而且容易污染环境。属于这类纽扣的有树脂纽扣（包括板材纽扣、棒材纽扣、磁白纽扣、云花仿贝纽扣、曼哈顿纽扣、牛角纽扣、工艺纽扣、刻字纽扣、平面珠光纽扣、玻璃珠光纽扣、裙带扣及扣环等）、ABS注塑及电镀纽扣（包括镀金纽扣、镀银纽扣、仿金纽扣、镀黄铜纽扣、镀镍纽扣、镀铬纽扣、红铜色纽扣、仿古色纽扣等）、尿醛树脂纽扣、尼龙纽扣、仿皮纽扣、有机玻璃纽扣、透明注塑纽扣（包括透明聚苯乙烯纽扣、聚碳酸酯纽扣、丙烯酸树脂纽扣、K树脂纽扣）、不透明注塑纽扣、酪素纽扣等。

此外，如果我们手里有一粒纽扣，但不知它的型号大小，这时我们就可以用卡尺量出它的直径（毫米），再除以0.635即可。纽扣的号数与直径的换算关系见表6-2。

表 6-2　纽扣的号数与直径的换算关系

纽扣号数	直径 /mm	直径 / 英寸
12L	7.5	5/16"
13L	8.0	5/16"

续表

纽扣号数	直径 /mm	直径 / 英寸
14 L	9.0	11/32"
15 L	9.5	3/8"
16 L	10.0	13/32"
17 L	10.5	7/16"
18 L	11.5	15/32"
20 L	12.5	1/2"
22 L	14.0	9/16"
24 L	15.0	5/8"
26 L	16.0	21/32"
28 L	18.0	23/32"
30 L	19.0	3/4"
32 L	20.0	13/16"
34 L	21.0	27/32"
36 L	23.0	7/8"
40 L	25.0	1"
44 L	28.0	1−3/32"
45 L	30.0	1−3/16"
54 L	34.0	1−5/16"
60 L	38.0	1−1/2"
64 L	40.0	1−9/16"

2．纽扣选择注意事项

（1）纽扣的颜色要与面料统一协调，或者与面料主要色彩呼应。轻柔的面料须用轻薄的纽扣，服装明显部位（领、袖、袋口）用扣的形状要统一，大小主次须有序。

（2）直径小、厚度薄的纽扣，用来作为纽扣的背面垫扣，以保证钉扣坚牢与服装的平整。为了严格控制扣眼的准确尺寸和正确调整锁扣眼机，应准确测量出纽扣的最大尺寸。

（二）拉链

拉链是依靠连续排列的链牙，使物品并合或分离的连接件，现大量用于服装、包袋 、帐篷等。

拉链是服装常用的带状开闭件，用于将服装扣紧，操作方便。拉链有长短不同的规格，它的型号一般以号数（牙齿闭合时的宽度毫米数）来表示，号数越大，链齿越粗，扣紧力越大。不同型号、不同材料的拉链其性能也不同。

1．拉链的构成

拉链由链牙、拉头、上下止（前码和后码）或锁紧件等组成，如图6-5所示。其中链牙是关键部分，它直接决定拉链的侧拉强度。一般拉链有两片链带，每片链带上各有一列链牙，两列链牙相互交错排列。拉头夹持两侧链牙，借助拉片滑行，即可使两侧的链牙相互啮合或脱开。下面对拉链组件进行具体介绍。

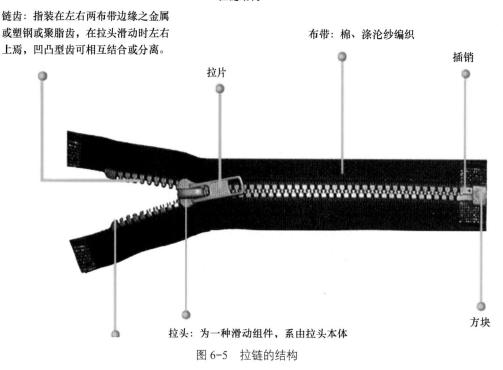

拉链结构

链齿：指装在左右两布带边缘之金属或塑钢或聚脂齿，在拉头滑动时左右上焉，凹凸型齿可相互结合或分离。

布带：棉、涤沦纱编织

插销

拉片

方块

拉头：为一种滑动组件，系由拉头本体

图 6-5　拉链的结构

拉链组件的详细内容如下。

（1）布带：由棉纱、化纤或混合化纤织成的柔性带，用于承载链牙及其他拉链组件。

（2）带筋：布带边缘用来承载金属或塑料链牙的加强部分。

（3）筋绳：指带筋中间由多股纤维组成的绳状物。

（4）链牙：指金属、塑料等材料通过加工后呈一定形状的齿牙。

（5）中芯线：由多股纤维线加工而成，用于尼龙拉链牙链生产的绳状物。

（6）牙链：指连续排列的齿牙。

（7）牙链带：固定牙链的布带。

（8）链带：由两边牙链带啮合而成的链带。

（9）上止：固定于牙链带上，限制牙链拉合时拉头滑出牙链带，位于牙带上方的止动件。

（10）下止：固定于牙链带上，限止牙链拉开时拉头滑出牙链带，并位于牙链带下方使得两边牙链带不可完全分开的止动件。

（11）前、后带头：拉链上没有链牙部分的布带称带头，上止端为前带头，下止端为后带头。

（12）插销：固定在拉链尾端，用于完全分开链带的管形件。

（13）插座：固定在拉链尾端，用于完全分开链带的方块件。

（14）双开尾档件：一种与插销配合，用于双开尾拉链上的管形档件。

（15）加强胶带：用于增强插销、插座与布带结合强度，提高拉链使用寿命的复合型薄片。

（16）拉头：使链牙啮合和分开的运动部件。

（17）拉片：是拉头的一个组件，它可设计成各种几何形状与拉头连接或通过中间件与拉头连接，实现拉链开合（可以直接挂和间接挂）。

（18）中间连接件：连接拉头与拉片的中间元件。

2．拉链的分类

拉链的种类繁多，颜色也各不同，如图6-6所示。

（1）按材料分为尼龙拉链、树脂拉链、金属拉链。

①尼龙拉链。包括隐形拉链、穿心拉链、背胶防水拉链、不穿心拉链、双骨拉链、编织拉链等。

②树脂拉链。包括透明拉链、半透明拉链、蓄能发光拉链、镭射拉链、钻石拉链。

③金属拉链。包括铝牙拉链、铜牙拉链（黄铜、白铜、古铜、红铜等）、黑镍拉链。

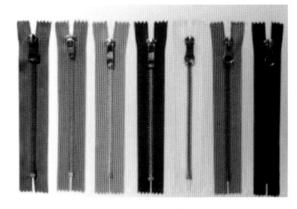

图6-6　各式拉链

（2）按品种分为闭尾拉链、开尾拉链（左右插）、双闭尾拉链（X型或O型）、双开尾拉链（左右插）、双开尾拉链（X型或O型）、单边开尾拉链（左右插，限尼龙与树脂，常见为连帽款）。

（3）按功能分为自锁拉链、无锁拉链、半自动锁拉链。

（4）按拉链牙型分为单点牙、双点牙。

①单点牙：普通牙、Y牙、方牙。

②双点牙：玉米牙、欧牙。

3．拉链选择注意事项

（1）色彩与面料配伍。给服装选配拉链时，拉链布带的色彩须与面料的颜色相同或相近。

（2）拉链布带的色牢度。对于生产商来说，拉链布带色牢度是否达到标准级数以及拉链和服饰之间是否会发生颜色互移会直接影响到最终产品质量。

（三）尼龙子母扣

尼龙子母扣（图6-7）是使用含有勾面与毛面的尼龙带实现闭合与开启的，闭合与开启方便灵活。

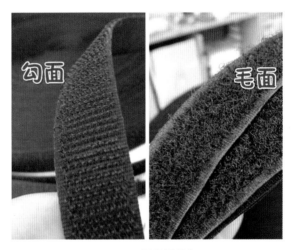

图6-7　尼龙子母扣

二、紧扣类辅料选择应遵循的原则

（1）应考虑服装的种类。如婴幼儿及童装紧扣材料宜简单、安全，一般采用尼龙拉链或搭扣；男装注重厚重和宽大；女装注重装饰性。

（2）应考虑服装的设计和款式。紧扣材料应讲究流行性，达到装饰与功能的统一。

（3）应考虑服装的用途和功能。如雨衣、泳装的紧扣材料要能防水，并且耐用，宜选用塑胶制品。女式内衣的紧扣件要小而薄，重量轻且要牢固，裤子门襟和裙装后背的拉链一定要能自锁。

（4）应考虑服装的保养方式。如常洗服装少用或不用金属材料。

（5）考虑服装材料。如粗重、起毛的面料应用大号的紧扣材料，松结构的面料不宜用钩、祥和环。

（6）应考虑安放的位置和服装的开启形式。如服装紧扣处无搭门不宜用纽扣。

第七节　其他服装辅料

一、装饰材料

服装的装饰材料包括花边、绦、流苏以及金属片、珠光片等缀饰材料。它们对服装起到装饰和点缀的作用，以增加服装的美感和附加值。

1．花边

花边是刺绣的一种，亦称"抽纱"，是一种以棉线、麻线、丝线或各种织物为原料，经过绣制或编织而成的装饰性镂空制品。有各种花纹图案，作为装饰用的带状织物，用于各种服装、窗帘、台布、床罩、灯罩、床品等的嵌条或镶边。

（1）机织花边。机织花边是指由织机的提花机构控制经线与纬线相互垂直交织的花边，如图6-8所示。通常以棉线、蚕丝、锦纶丝、人造丝、金银线、涤纶丝、腈纶丝为原料，采用平纹、斜纹、缎纹和小提花等组织在有梭或无梭织机上用色织工艺织制而成。常见品种有纯棉花边、丝纱交织花边、尼龙花边、棉锦交织花边、棉腈交织花边等。机织花边具有质地紧密、色彩绚丽、富有艺术感和立体感等特点，适用于各种服装与其他织物制品的边沿装饰。

（2）针织花边。组织稀松，有明显的孔眼，外观轻盈、优雅，如图6-9所示。最早的针织花边是采用纯手工制作，世界著名的手工编织花边是法国的阿朗松花边，阿朗松花边以麻线或埃及细棉线为原料，一针一线织出各式美丽图案，是一门极其精细的手艺。

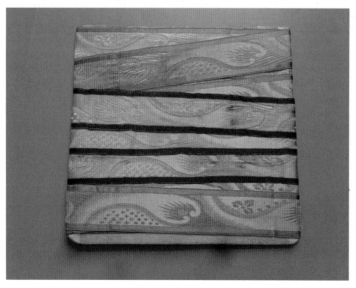

图6-8　机织花边　　　　　　　　　　　　　　　　图6-9　针织花边

（3）经编针织花边。是在经编机上织造而成，如图6-10所示。因其生产效率高，花色品种齐全，成为服装市场上的畅销面料，广泛用于女装、文胸、童装、家居装饰品等方面。

（4）水溶花边。水溶花边是刺绣花边中的一种，它以水溶性非织造布为底布，用粘胶长丝作绣花线，通过计算机平极刺绣机绣在底布上，再经热水处理使水溶性非织造底布溶化，从而留下有立体感的花边，如图 6-11 所示。水溶花边广泛用于窗帘、服装、文胸等方面。

图 6-10　经编针织花边　　　　　　　　图 6-11　水溶花边

2．绦、流苏

（1）绦。也称为丝绦，是丝编的带子或绳子，通常搭配袍服、和服等衣物。《红楼梦》第109回中就写道："妙玉身上穿一件月白素绸袄儿，外罩一件水田青缎镶边长背心，拴着秋香色的丝绦，腰下系一条淡墨画的白绫裙。"

（2）流苏。一种下垂的以五彩羽毛或丝线等制成的穗子，常用于舞台服装的裙边下摆等处。唐代妇女流行的头饰步摇，就是其中的种。还有冕旒（帝王头上的流苏），以珍珠串成，按等级划分，数量有所不同。

现在，这两种辅料都是服饰装饰材料，主要用于窗帘、舞台表演服装底摆的装饰或是用作各类古玩手把件的装饰绳等。丝绦与流苏常常同时出现，如图 6-12 所示。

图 6-12　带流苏的丝绦

3．缀饰材料

缀饰材料主要有珍珠、水钻、玻璃珠、宝石珠，在纺织品上组成图案，以缝、缀、钉、绣及粘合等工艺方法，使服装珠光灿烂、绚丽多彩、层次清晰、立体感强。

水钻是一种俗称，是将人造水晶玻璃切割成钻石刻面得到的一种饰品辅件，这种材质因为较经济，同时视觉上又有钻石般的夺目效果，深受人们喜爱。

二、松紧带

松紧带又称弹力线、橡筋线，较细的松紧带可作为服装辅料底线，特别适用于内衣、裤子、婴儿服装、毛衣、运动服、韵服、婚纱礼服、T恤、帽子、文胸、口罩等服装产品。还可以作吊牌线，制作日用品、工艺品、饰品、玩具等，用途非常广泛。

1．松紧带分类

松紧带按织制方法可分为机织松紧带、针织松紧带、编织松紧带。

（1）机织松紧带。由棉或涤纶、高弹纱为经、纬纱，与一组橡胶丝（乳胶丝或氨纶丝）按一定规律交织而成。

（2）针织松紧带。采用经编衬纬方法织成，经线在钩针或舌针的作用下，套结成编链，纬线衬于各编链之中，把分散的各根编链连接成带，橡胶丝由编链包覆，或由两组纬线夹持。针织松紧带能织出各种小型花纹、彩条和月牙边，质地疏松柔软，原料多数采用锦纶弹力丝，大多用于女士文胸和内裤。

（2）编织松紧带。又称锭织松紧带，经线通过锭子围绕橡胶丝按 8 字形轨道编织而成。带身纹路呈人字形，带宽一般为 0.3 ~ 2 cm，质地介于机织和针织松紧带之间，花色品种比较少，多用于服装。

2．常见松紧带主要特点及用途

（1）运动松紧带。是由纱线经络筒，卷纬形成纬线管后，插在编织机的固定齿座上，纬纱管沿 8 字形轨道回转移动，以牵引纱线相互穿插编织而成。

（2）医疗用品松紧带。pH 值在弱酸性和中性之间，将不会引起皮肤的瘙痒，不会破坏皮肤的弱酸性环境。

（3）尼龙松紧带。在干、湿情况下弹性和耐磨性都较好，尺寸牢固，缩水率小，是很好的服饰辅助材料。

（4）宽幅松紧带。是以牵引纱线彼此交叉编织成的并且锭数为奇数的扁片状松紧带。

（5）彩条刚性带。可单面提花或双面提花，织带手感极佳，色泽娇艳，不磨伤衣料。

（6）提花松紧带。是一种计算机提花机生产的提花带，花纹独特，还可以提上公司 LOGO 来提高公司品牌价值。提花子母带以独特的格局，无穷的变革元素正在冲破传统织带只起装饰作用的桎梏，在服饰搭配风格与功效上和品牌灵魂无缝连接、融为一体。

（7）印花松紧带。是在松紧带上印上不同的花纹和图案，配合不同的底带，产生不同的效果，变化效果丰富多样。

（8）防滑松紧带。是在松紧带上面滴硅胶，达到防滑作用，特点是强度高，耐冲击性强，不易断裂，具有耐热性好、耐磨性好等特点。

（9）涤纶松紧带。是由针织（纬编、经编）或机织加工而成，适合制作服装面料、床上用品以及装潢用品等。

（10）夹绳松紧带。采取经、纬梭织，依靠成圈纱在成圈过程中，运用成圈纱的圆柱与沉降弧，将不交织的经纱与纬纱连结成一个整体，而成为衬经衬纬的夹绳。

（11）纽孔松紧带。又名扣眼松紧带或调节松紧带，主要原料为乳胶丝、低弹丝，特别适用于孕妇装、儿童衣饰等需调节尺寸的服饰。

三、罗纹带

罗纹带亦称罗口，是一种采用罗纹组织织造的针织物。原材料采用棉、羊毛、化纤等。主要用于服装的领口、袖口、裤口等处。

罗纹带有很多种类型，由针距可以分出 3 针、5 针、7 针、9 针、12 针、14 针、16 针，针数越密，织出来的罗纹带就越细（16 针多用于制作 T 恤领子），在这个基础上再分为 1×1、2×1、4×3 等多种排列针法；根据纱线材料的不同，又有不同的应用领域。纱线的材质有涤纶、低弹丝、腈纶、锦纶、全棉、丝光棉、三七毛、五五毛等，再根据不同的纱支，又能制作出不同的效果。羽绒服以腈纶、丝光棉居多；运动服以锦纶为主。目前我国国内制作水洗皮衣用的原材料以涤纶为主。

四、标识

　　标识是指服装的商标、规格标、洗涤标、吊牌等。服装标识的制作材类种类很多，有胶纸、塑料、棉布、绸缎、皮革和金属等。标识的印制方法更是多种多样，有提花、印花及植绒等。其中洗涤标识又叫洗水唛或洗唛。洗水唛的内容包括服装的面料成分和正确的洗涤方法，比如应该选择干洗还是机洗或是手洗、是否可以漂白，以及晾干方法、熨烫温度要求等，是用来指导用户正确洗涤的说明。当然有些洗水唛还会印刷服装制造商的品牌 LOGO、联系方式等。

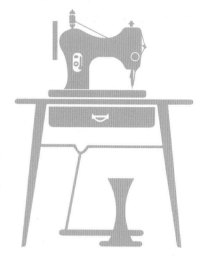

第七章
新型服装面料及面料识别

知识目标

了解新型纤维的特点及用途；
了解新型面料的特点及用途；
了解及掌握各种服装材料的鉴别方法。

能力目标

能够准确鉴别服装材料，并合理选用服装材料。

第一节　服装新材料概述

快节奏的生活方式，紧张激烈的社会竞争，使人们对生活质量的要求也悄悄地发生了改变，人们更加注重健康和环保。服装在满足人们最基本的生理需求之后，还须有助于人们体现自我意识，张扬个性，并且有益于人们的身体健康，便利人们的日常活动。

服装新材料的发展，使健康、时尚、环保、高科技智能化成为热点，例如，日本生产的柔软贴肤面料、抗菌防臭面料；欧美织造的新型时尚面料、发光面料、变色面料、保暖材料等。服装新材料的出现，既增加了服装企业的效益，又满足了消费者的需求，所以形成了强大的开发动力，在世界范围内，无论发达国家还是发展中国家均争相发展，时至今日，服装新材料市场已逐渐形成。服装新材料的发展可以从以下几方面得到体现。

（1）纤维新材料的开发，更加注重环保、安全、健康和舒适性。功能化、智能化纤维，无公害、环保纤维以及特种实用型纤维的大量涌现，为服装新材料的发展提供了原料基础。

（2）纺纱技术的不断提高，使纱线的结构、性能、花色及加工方法均得到改进；多纤维混纺，更细更优纱线的生产，使得服装材料更舒适；新型安全、环保染料的不断开发，使染色方法进一步提高，服装材料的色彩更加丰富。

（3）后整理技术领域的发展，使服装具有防风雨、防静电、隔热、防紫外线等多种功效；双层织物的出现（包括双色、双结构、双风格、双原料等）可以体现多种风格；现代生物技术的采用，使得处理后的织物具有更好的服用性、更好的抗皱效果，更加耐脏抗菌等。

（4）服装材料发展更加多元化。如工业生产中的防热或隔热服、防化服、防辐射服等，部队战士的作战服、防爆服、防弹服等，科技领域实验室的工作服、防静电服、宇航服等。所有这些表明，服装新材料为人们提供的服务将是全方位的。

未来的服装材料，将以电子、生物、化学、化纤、纺织工程等多学科综合开发，新型服装材料必将帮助人类创造一个更加美好的未来。

第二节   新型纤维

一、超蓬松纤维

超蓬松纤维是利用异收缩混纤丝技术开发出的，以其制造出的织物具有丰满感、高悬垂性和回弹性，适合制作各类填充料。

二、异形截面纤维

异形截面纤维可以使织物的光泽、硬挺度、弹性、手感、吸湿性、蓬松性、抗起毛起球性、耐污性等均得到改善。不同的截面形状能赋予纤维不同性能和风格。三角形截面给予纤维真丝般光泽和优良的手感；中空三角形截面纤维有调和的色调和身骨；星形截面纤维有柔和的光泽、干燥的触感、较好的吸水性；U形截面纤维有柔和的光泽、干燥的触感，有身骨；W形截面纤维具有螺旋卷曲、羊毛般的蓬松性及粗糙感；箭形截面纤维具有干燥的触感、自然的表面形态及滑爽的清凉感等。异形截面纤维主要用于丝绸产品、仿毛织物、针织产品等方面。

三、防水透湿纤维

普通雨衣能防止雨水渗透，但不利于内部汗水或水蒸气的排放，但透湿、防水纤维可以克服上述缺点，达到防水、透湿、穿着舒适的目的。

四、防辐射纤维

防辐射纤维有两种，一种是纤维本身就有耐辐射性，称之为耐辐射纤维；另一种是复合型防辐射纤维，通过往纤维中添加其他化合物或元素使纤维具有耐辐射能力。

五、防紫外线纤维

阳光中的紫外线类型中，长波紫外线对人体有害，长期照射可增加患皮肤癌的风险，因此，防紫外线穿透的纤维应运而生，用这种纤维制成的工作服，对须在夏天野外作业的人员，如军人、交通警察、地质工作人员、建筑工人等具有一定的防护作用。防紫外线纤维的构成共有两种方法：一种是利用腈纶构成防紫外线纤维，因为腈纶自身就有一定的防紫外线功能；另一种是添加防紫外线剂构成防紫外线纤维。日本可丽乐公司开发的 Esumo 即是混入了可吸收紫外线、反射可见光和红外线的陶瓷粉末构成的防紫外线纤维；东丽公司开发的 Arofuto 也是混入陶瓷粉末构成的防紫外线纤维。

六、保温纤维

保温纤维利用碳化锆具有高效吸收可见光、反射红外线的特性，将其制成零点几微米的超微粒子，然后与高聚物共混后作芯材，再将此芯材与作为皮材的尼龙或涤纶进行复合，制成 5.6 tex、16.7 tex 的涤纶和 3.3 tex、7.8 tex 的尼龙长丝。用该种涤纶和长丝做衣服，能高效吸收阳光中的可见光并转换为热量，再释放到衣服内部，而释放到衣服内部的热量和人体产生的热量被其反射，阻止热量向外扩散，提高了保暖性。这种纤维可制成滑雪服、紧身衣、防风运动服等。

七、防臭消臭纤维

防臭消臭纤维是具有抑制微生物繁殖或能杀死细菌的功能性纤维，在纺丝液中添加活性碳微粒可以吸收臭味，但不能有效阻止臭味产生，新型防臭消臭纤维就是在纤维纺丝液中添加有效的消臭剂，如利用硫酸亚铁维生素复合物中和生成硫化铁，再把它制成试剂混入纤维中，即加工成消臭织物。目前该种纤维已形成商品化，主要用于床上用品、毛毯、地毯、鞋垫、卫生间用品、汽车内装饰用品等。

八、温控纤维

温控纤维是指根据环境温度变化，在一定的温度范围内可自由调节人体温度的纤维。其中微胶囊法温控纤维，是使用一种能贮存热量并在低温时保持热量的相变物质，用这种相变物质制成微胶囊，加到高聚物溶液中，随后纺制成纤维。这种相变物质微胶囊在纤维中起到温控作用，其保温性完全不受环境影响，可用于宇航服、保暖手套、保暖内衣等服装。

九、碳纤维

碳纤维是以聚丙烯腈纤维、粘胶纤维或沥青纤维为原丝，通过加热除去碳以外的其他一切元素制得的一种高强度、高模量纤维，它有很高的化学稳定性和耐高温性能，是高性能增强复合材料中的优良结构材料。

碳纤维并不单独使用，它一般加到树脂、金属或陶瓷等基体中，作为复合材料的骨架材料。这样构成的复合材料不仅质轻、耐高温，而且有很高的抗拉强度和弹性模量，是制造宇宙飞船、火箭、导弹、高速飞机以及大型客机等不可缺少的组成原料。另外，其复合材料在原子能、机电、化工、冶金、运输等工业部门以及容器和体育用品（例如网球拍、冰球拍、高尔夫球拍、滑雪板、赛船、帆船）等方面也有广泛的用途。

十、杜邦 Sorona 纤维

Sorona 纤维的成分有 37% 是来自玉米（即含有 28% 的生物基碳）。从玉米中获得葡萄糖，在经过基因改造的细菌作用下，发酵生成 PDO（1，3 丙二醇），经过蒸馏 PDO 被提纯并脱水，再与 TPA（对苯二甲酸）进行反应后进行切片，即可制得 Sorona 纤维。

Sorona 纤维面料具有手感柔软，拉伸和回复性舒缓，染色容易，色彩艳丽持久，耐氯、耐紫外线和抗污易打理的特性，可以广泛应用于各类服装面料（从轻薄的内衣到厚实的外套）。

sorona 纤维

第三节　新型面料

一、智能变色纺织品

智能变色纺织品是指随外界环境条件（如光、温度、压力等）的变化显示不同色泽的纺织品，如图 7-1 所示。这是一种具有高附加值和高效益的智能产品，在纺织、军事、娱乐、防伪等领域具有良好的发展前景。民用领域可应用于制作时尚变色服装和百变装饰织物；军事领域可用于军事伪装；防伪领域可作为防伪材料，广泛应用于票据、证件和商标等。

国外在智能变色纺织材料方面的研究起步较早且积累了丰富的实践经验，同时已实现智能变色纺织产品的市场化。比如，美国著名的 CYNAMDE 公司早在 20 世纪 70 年代的越南战争中，就为美国军队研发和制造了吸收光线后服装颜色发生变化的织物，从而满足了对高性能作战服的需要；此后还研发出了多种具有变色功能的复合纤维，在纺织服装领域获得了普遍运用。当前研究人员主要精力放在转变变色纤维的全部光谱上，进一步提升其智能化程度，以满足更高的产业化需要。市场应用方面，以美国国家航空航

图 7-1　智能变色纺织品

天局的技术为支撑，目前已投入市场的名为 Radiate 的运动衣，如图 7-2 所示，其能根据身体辐射出来的热量改变光子的反射方式，身体散发出的热量不同，衣服对应部位的颜色就会有所不同。此款智能变色运动衣最大的功能就是能让用户实时看到肌肉的发热情况，调整不同的运动策略，实现智能产品与人体运动的结合。日本 Kanebo 公司将吸收 350 ~ 400 nm 波长紫外线后由无色变为浅蓝色或深蓝色的光敏物质包覆在微胶囊中，用于印花工艺制成智能光敏变色织物，采用这种技术生产的光敏变色 T 恤早已供应市场。

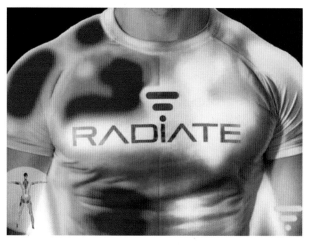

图 7-2　Radiate 智能变色运动衣

二、散发出柠檬香味的面料

葡萄牙米尼奥大学的相关研究者开发出一种全新的功能性面料，可以让满是汗臭味的健身服散发出令人愉悦的柠檬香气。

该项研究中提出了两种修饰棉织物的方法：第一种方法是先将从野猪身上提取的蛋白质 OBP-I 与来自纤维瘤菌 FIMI 的 CBMN1 融合，然后与棉织物功能化芳香前驱体一起培养，最终制得功能化棉织物；第二种方法是把碳水化合物结合模块 CBMN1 与 SP-DS3 肽融合，将蛋白质锚定在含有香味的脂质体中，再将功能化的脂质体用于棉织物的整理。

经一系列性能测试验证，采用这两种方法制成的功能性棉织物在与酸性汗液接触时均可以释放出香茅醇（一种带香味的物质）。而且，用蛋白质 OBP-I 处理的织物会快速散发出香味，而脂质体对香味的释放则相对缓慢一些，可以更有效地控制芳香分子的释放。

三、智能形状记忆纺织材料

智能形状记忆纺织材料是指在一定条件（应力、温度等）下发生塑性变形后，在特定条件刺激下能恢复初始形状的一类材料。其原始形状可设计成直线、波浪、螺旋或其他形状，主要可分为形状记忆合金纤维、形状记忆聚合物纤维和经整理剂加工的形状记忆功能纤维三类。形状记忆合金纤维具有手感硬、恢复力强的特点，可被用作纱芯与其他各种纤维纺出具有形状记忆效果的花式纱，并织成功能织物。形状记忆聚合物纤维具有众多优点，如手感比形状记忆合金纤维柔软、易成型且具有较好的形状稳定性、机械性质可调节范围较大、应变可达 300% 甚至更大等，因此其在纺织品上具有较为广阔的应用前景。

1．国外智能形状记忆纺织材料的研究

国外对智能形状记忆纺织材料的研究起步较早，市场应用范围大、整体技术水平高、数据源丰富、智能化程度高。目前，日本、美国、英国、意大利、荷兰等地有关智能形状记忆纤维的研究已取得了很大的进展。例如，意大利 Corpo Nove 公司通过在面料里加入镍、钛和锦纶设计出一款具有形状记忆功能的"懒人衬衫"，当外界气温偏高时，衬衫的袖子会在几秒内自动从手腕卷到肘部，当温度降低时，袖子会自动复原；英国纺织机构在研制防烫伤服装时，实现对形状记忆合金类智能纺织品的成功实践，其将镍钛合金纤维进行加工并固定在服装内部，一旦接触高温，形状记忆纤维就

会被激发，达到防烫伤的目的；日本三菱重工的一个子公司开发出了一种具有形状记忆功能的聚氨酯类新材料 Diaplex，这种材料与外衣面料层相复合，不仅表现出高拒水性，而且通过对热量释放的控制，可对穿着者新陈代谢释放的热量进行智能性响应，适用于制造具有形状记忆且能在环境温度较高时产生散热和水气通道的多功能智能服装，目前已有此种材料的商业化产品，如智能运动服、登山服等。

2．国内智能形状记忆纺织材料的研究

国内一些企业或研究机构在智能形状记忆纺织材料研发和应用方面也取得了较大的进展。如天津工业大学利用后整理技术对纤维进行处理，设计出了热致感应型形状记忆纤维；香港理工大学形状记忆研究中心发明了纤维素基形状记忆纺织品，并深入研究了智能形状记忆纤维的组成、结构对形状记忆温度、恢复力和记忆效果的影响，在温敏形状记忆聚合物、形状记忆面膜等方面的研究发挥了重要的作用。与国外企业相比，国内在形状记忆纺织材料方面研究虽然较多，但大多处于试验阶段，用料单一，整体创新度不够，且大多为跟踪研究，许多新的品种尚在开发中，尚未实现规模化工业生产。

四、石墨烯智能健康穿戴产品

石墨烯智能健康穿戴产品包含石墨烯健康护颈、护膝和护腰三款产品。产品均采用获得国家发明专利的织物石墨烯 AIHF（艾弗）材料，可实现产品秒级升温，恒温可控，同时保持表面温度均匀，控制温度偏差不超过 2 ℃；采用 Hinave（哈尼微技术）光波转化增强技术，可释放 5 ~ 25 μm 的远红外光波，与人体细胞中的水分子团形成共振切断氢键，释放热能，促使皮下温度升高，同时加快人体新陈代谢，增加人体生物活性，有效缓解人身体组织僵硬疼痛。另外，产品率先将莱卡面料跨界应用于护具产品中，柔软亲肤，可满足中产阶层的审美需求。

另外，还有一种石墨烯智能发热羽绒服，它是由创新爱尚家与福建七匹狼实业股份有限公司联合研制的，产品带有石墨烯智能硬件模组，采用模块化设计思路，可实现拆卸和更换；利用独创的"石墨烯＋智能化＋大数据"传统服饰升级转型方案，实现服装主体的 APP 智能化控制，例如，羽绒服可一键 10 秒速热和 35 ℃ ~ 60 ℃精准温度控制。另外，通过充电宝即可驱动本产品，安全便携，操作简单，如图 7-3 所示。

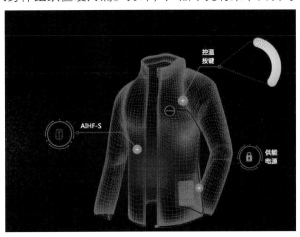

图 7-3　石墨烯智能发热羽绒服

第四节　服装材料的鉴别与选用

一、面料纤维成分鉴别常识

近来，由于市场上销售的一些纺织品和服装生产厂家对面料成分名称和含量标注不规范，致使

不法商人乘机以次充好，以假充真，欺骗消费者。下面介绍一些面料纤维成分的简易识别常识，以供读者了解。

1．棉纤维与麻纤维

棉纤维与麻纤维都是刚近火焰即燃并燃烧迅速，火焰呈黄色，冒蓝烟。二者燃烧散发的气味及燃烧后灰烬的区别是：棉纤维燃烧发出纸气味，麻纤维燃烧发出草木灰气味；燃烧后，棉纤维有极少粉末灰烬，呈黑或灰色，麻纤维则产生少量灰白色粉末灰烬。

2．毛纤维与真丝

毛纤维遇火冒烟，燃烧时起泡，燃烧速度较慢，散发出烧毛发的焦臭味，烧后灰烬多为有光泽的黑色球状颗粒，手指一压即碎；真丝遇火缩成团状，燃烧速度较慢，伴有咝咝声，散发出毛发烧焦味，烧后结成黑褐色小球状灰烬，手捻即碎。

3．锦纶与涤纶

锦纶近火焰即迅速蜷缩熔成白色胶状，在火焰中熔燃滴落并起泡，燃烧时没有火焰，离开火焰难继续燃烧，散发出氨基味，冷却后灰烬为坚硬淡棕透明圆珠；涤纶易点燃，近火焰即熔缩，燃烧时边熔化边冒黑烟，呈黄色火焰，散发芳香气味，烧后灰烬为黑褐色硬块，用手指可捻碎。

4．腈纶与丙纶

腈纶近火软化熔缩，着火后冒黑烟，火焰呈白色，离火焰后迅速燃烧，散发出火烧肉的辛辣气味，烧后灰烬为不规则黑色硬块，手捻易碎；丙纶近火焰即熔缩，易燃，离火燃烧缓慢并冒黑烟，火焰上端黄色、下端蓝色，散发出石蜡味，烧后灰烬为灰白色硬透明珠。

5．维纶与氯纶

维纶不易点燃，近焰熔缩，燃烧时顶端有一点火焰，待纤维都熔成胶状火焰变大，有浓黑烟，散发出苦香气味，燃烧后灰烬为不规则茶色硬块；氯纶难燃烧，离火即熄，火焰上端呈黄色、下端绿色，冒白烟，散发出刺激性辛辣酸味，燃烧后灰烬为深棕色硬块。

6．氨纶与氟纶

氨纶近火边熔边燃，燃烧时火焰呈蓝色，离开火继续熔燃，散发出特殊刺激性臭味，燃烧后灰烬为白色胶状；氟纶近火焰只熔化，难引燃，不燃烧，边缘火焰呈蓝绿碳化，熔而分解，气体有毒，熔化物为硬圆黑珠。

7．粘胶纤维与铜铵纤维

粘胶纤维易燃，燃烧速度很快，火焰呈黄色，散发出烧纸气味，烧后灰烬少，呈光滑扭曲带状浅灰或灰白色细粉末；铜铵纤维俗名虎木棉，近火焰即燃烧，燃烧速度快，火焰呈黄色，散发出酯酸味，烧后灰烬极少，仅有少量灰黑色灰。

二、面料纤维成分鉴别方法

面料纤维成分鉴别是利用纺织纤维的外观形态特征以及某些物理化学性质来鉴别纤维，鉴别纤维的常用方法有如下几种。

1．手感目测法

通过综合的感官印象对纤维种类进行初步判断和估计。通过触摸纤维的手感，长度、细度及整齐度，强力，光泽，含杂情况，卷曲形态等鉴别。

2．燃烧法

以纤维化学组成以及燃烧特征为依据进行鉴别，该法不适用于阻燃纤维。

常见纤维燃烧特征如表 7-1 所示。

表 7-1　常见纤维燃烧特征

纤维名称	靠近火焰	接触火焰	离开火焰	气味	残留物特征
棉、麻、粘纤、铜氨纤	不缩不熔	迅速燃烧	继续燃烧	烧纸的气味	少量灰黑或灰白色灰烬
蚕丝、毛	卷曲且熔	卷曲，熔化，燃烧	缓慢燃烧，有时自行熄灭	烧毛发的臭味	松而脆的黑色颗粒或焦炭状
涤纶	熔缩	熔融，冒烟，缓慢燃烧，小火花，有溶液滴下	继续燃烧，有时自行熄灭	特殊芳香甜味	硬的黑色圆珠
锦纶	熔缩	熔融，燃烧，先熔后烧，有溶液滴下	自行熄灭	氨基味	坚硬淡棕色透明圆珠
腈纶	收缩、发焦	微熔，燃烧，明亮火花	继续燃烧，冒黑烟	辛辣味	黑色不规则小珠，易碎
丙纶	熔缩	熔融，燃烧，有溶液滴下	继续燃烧	石蜡味	灰白色硬透明圆珠
氨纶	熔缩	熔融，燃烧	自行熄灭	特异气味	白色胶状
氯纶	熔缩	熔融，燃烧，大量黑烟	自行熄灭	刺鼻气味	深棕色硬块
维纶	收缩	收缩，燃烧	继续燃烧，冒黑烟	特有香味	不规则焦茶色硬块
Lyocell 纤维	不融不缩	迅速燃烧	继续燃烧	烧纸味	少量黑色灰
Modal 纤维	不融不缩	迅速燃烧	继续燃烧	烧纸味	少量黑色灰
大豆蛋白纤维	收缩	燃烧有黑烟	不易延烧	烧毛发臭味	松脆黑灰微量硬块
竹纤维	不融不缩	迅速燃烧	继续燃烧	烧纸味	少量黑色灰
牛奶纤维	收缩微融	逐渐燃烧	不易延烧	烧毛发臭味	黑色硬块
甲壳素纤维	不融不缩	迅速燃烧	继续燃烧	轻度烧毛发臭	黑色至灰白色易碎

3. 显微镜观察法

利用显微镜观察纤维的纵向和横断面形态特征来鉴别各种纤维，是广泛采用的一种方法。它既能鉴别单成分的纤维，也可用于多种成分混合而成的混纺产品的鉴别。天然纤维有其独特的形态特征，如棉纤维的天然卷曲、羊毛的鳞片、麻纤维的横节竖纹、蚕丝的三角形断面等，用生物显微镜能正确地辨认出来。而化学纤维的横断面多数呈圆形，纵向平滑，呈棒状，在显微镜下不易区分，必须与其他方法结合才能鉴别。

常见纤维纵、横向形态特征如表 7-2 所示。

表 7-2　常见纤维纵、横向形态特征

纤维	纵向形态特征	横向形态特征
棉	扁平带状，有天然卷曲	腰圆形，有中腔
苎麻	有横节、竖纹	腰圆形，有中腔及裂纹
亚麻	有横节、竖纹	多角形，中腔小
羊毛	表面有鳞片	圆形或接近圆形
兔毛	表面有鳞片	哑铃形
桑蚕丝	表面毛发呈树干状，粗细不匀	不规则三角形或半椭圆形
柞蚕丝	表面毛发呈树干状，粗细不匀	相当扁平的三角形或半椭圆形
粘胶纤维	有细沟槽	锯齿形，有皮芯结构
维纶	有 1～2 根沟槽	腰圆形

纤维	纵向形态特征	横向形态特征
腈纶	平滑，或者有 1 ~ 2 根沟槽	圆形或哑铃形
涤纶、锦纶、丙纶	平滑	圆形

4．药品着色法

药品着色法是根据各种纤维对某种化学药品的着色性能不同来迅速鉴别纤维品种的方法，此法适用于未染色的纤维或纯纺纱线和织物。鉴别纺织纤维用的着色剂分专用着色剂和通用着色剂两种。前者用以鉴别某一类特定纤维，后者是由各种染料混合而成，可将各种纤维染成不同的颜色，然后根据所染的颜色不同鉴别纤维。通常采用的着色剂有碘—碘化钾溶液。

碘－碘化钾溶液是将 20 g 碘溶解于 100 mL 的碘化钾饱和溶液中，把纤维浸入溶液中 0.5 ~ 1 min，取出后水洗干净，根据着色不同，判别纤维品种。

各种纺织纤维的着色反应如表 7-3 所示。

表 7-3　各种纺织纤维的着色反应

纤维名称	碘－碘化钾溶液	纤维名称	碘－碘化钾溶液
纤维素纤维	不染色	锦纶	黑褐色
蛋白质纤维	淡黄色	腈纶	褐色
粘胶纤维	黑蓝色	维纶	蓝灰色
醋酯纤维	黄褐色	丙纶	不染色
涤纶	不染色	氯纶	不染色

5．其他方法

由于纤维燃烧法和显微镜观察法鉴别纤维带有一定的人为因素，不能完全准确鉴别纤维种类，并且随着科学技术的发展，很多异形纤维不断涌现，显微镜观察法也存有其局限性，这种情况下，结合其他方法进行鉴别，能够更为准确地判断出纤维种类，这些方法包括药品溶剂法、熔点法、比重法、双折射法、红外光谱法、X 射线衍射法等。

三、面料经、纬向识别方法

（1）如被鉴别的面料是有布边的，则与布边平行的纱线方向便是经向，另一方向是纬向。

（2）上浆的是经纱的方向，不上浆的是纬纱的方向。

（3）一般织品密度大的一方是经向，密度小的一方是纬向。

（4）筘痕明显的布料，则筘痕方向为经向。

（5）对半线织物，通常股线方向为经向，单纱方向为纬向。

（6）若单纱织物的成纱捻抽不同时，则 Z 捻向为经向，S 捻向为纬向。

（7）若织品的经、纬纱特数、捻向、捻度都差异不大时，则纱线条干均匀、光泽较好的为经向。

（8）若织品的成纱捻度不同时，则捻度大的多数为经向，捻度小的为纬向。

（9）毛巾类织物，其起毛圈的纱线方向为经向，不起毛圈的为纬向。

（10）条子织物，其条子方向通常是经向方向。

（11）若织品有一个系统的纱线具有多种不同的特数时，这个方向则为经向。

（12）纱罗织品，有扭绞的纱的方向为经向，无扭绞的纱的方向为纬向。

（13）在不同原料的交织物中，一般棉毛或棉麻交织的织品，棉为经纱；毛丝交织物中，丝为经纱；毛丝绵交织物中，丝、棉为经纱；天然丝与绢丝交织物中，天然丝为经纱；天然丝与人造丝交织物中，天然丝为经纱。由于织物用途极广，品种很多，对织物原料和组织结构的要求也是多种多样，因此在判断时，还须根据织品的具体情况来定。

四、面料正反面识别

（1）一般织物正面的花纹，色泽均比反面清晰美观。

（2）具有条格外观的织物和配色花纹织物，其正面花纹必然是清晰悦目的。

（3）凸条及凹凸织物，正面紧密而细腻，具有条纹或者图案凸纹；反面则较粗糙，有较长的浮长毛。

（4）起毛面料中，单面起毛的，起毛绒的一面为正面；双面起毛的，则以绒毛光洁、整齐的一面为正面。

（5）观察织物的布边，布边光洁、整齐的一面是织物的正面。

（6）双层、多层织物，如正反面的经纬、密度不同时，则正面肯定有较大的密度或正面的原料较佳。

（7）纱罗织物，纹路清晰、绞经突出的一面为正面。

（8）毛巾织物，毛圈密度大的一面为正面。

（9）印花织物，花型清晰、色泽较鲜艳的一面为正面。

（10）整片的织物，除进口织物之外，凡粘贴有说明书（商标）和盖有出厂检验章的一般为反面，其正面与反面有明显的区别。但也有不少织物的正反面极为相似，两面均可应用，因此对这类织物可不强求区别其正反面。

思考与训练

为什么织物须区分经、纬向？

第八章
常见服装的面料应用

第一节　不同材质面料的造型特点以及在服装设计中的运用

一、柔软型面料

柔软型面料一般较为轻薄，悬垂性好，造型线条光滑，服装轮廓自然舒展，如图8-1所示。柔软型面料主要包括织物结构疏散的针织面料和丝绸面料以及软薄的麻纱面料等。柔软的针织面料在服装设计中常采用直线形简练造型体现人体优美曲线；丝绸、麻纱等面料则多见松散型和有褶裥效果的造型，表现面料线条的流动感。

二、挺爽型面料

挺爽型面料线条清晰、有体量感，能形成丰满的服装轮廓。常见有棉布、涤棉布、灯芯绒、亚麻布和各种中厚型的毛料和化纤织物等，该类面料可用于突出服装造型精确性的设计中，例如西服、套装的设计，如图 8-2 所示。

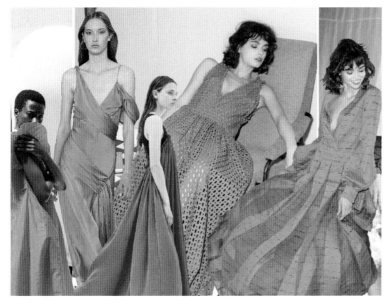

图 8-1　柔软型面料服装　　　　　　　　　图 8-2　挺爽型面料服装

三、光泽型面料

光泽型面料表面光滑并能反射出亮光，有熠熠生辉之感，如图 8-3 所示。这类面料包括缎纹结构的织物，最常用于晚礼服或舞台表演服中，产生一种华丽耀眼的强烈视觉效果。光泽型面料在舞台表演中造型自由度很广，可有简洁的设计或较为夸张的造型设计。

四、厚型面料

厚型面料厚实挺括，能产生稳定的造型效果，适用于各类厚型呢绒和绗缝织物。其面料具有形体扩张感，不宜过多采用褶裥和堆积，设计中以 A 形和 H 形造型最为恰当，如图 8-4 所示。

五、透明型面料

透明型面料质地轻薄而通透，具有优雅而神秘的艺术效果，适用于棉、丝、化纤织物等，例如乔其纱、缎条绢、化纤的蕾丝等。为了表达面料的透明度，常用线条自然丰满、富于变化的 H 形和圆台形设计造型，如图 8-5 所示。

图 8-3　光泽型面料服装

图 8-4 厚型面
料服装

图 8-5 透明
型面料服装

第二节　不同种类服装对于面料的要求

服装根据其使用功能可为正装类、日常装类、运动装类、礼服类、童装类及内衣类 6 种。

一、正装类

正装是指正式场合穿着的服装，具有明显的身份标识及识别作用。一是指有些单位按照特定需要统一制作的服装，如公安、交警的制服等；二是指人们在正式场合穿着的服装，如参加聚会、出席重要庆典等场合穿着的服装；三是指人们在工作场合穿着的服装。

正装可分为男式正装与女式正装两大类。

（一）男式正装

男式正装主要包括西装、套装、中山装、衬衫、领带及配饰等，如图 8-6 所示。

1. 西装

西装一般指西式服装中的套装。西装上衣翻驳领，含有两个大袋和一个胸袋，纽扣采用单排扣或者双排扣，后背有单开祺或者双开祺，袖口开衩钉袖扣。裤子两侧各有一个斜手插袋，有裤中缝，背面有两个后袋，常见的男式单排扣西服款式以两粒扣、平驳领、高驳头、圆角下摆款为主。

西装的具体细节要求如下。

（1）对格对条。条格面料西装要比纯色难做，因为好的西装在口袋、袖子、前片、后片以及肩缝等各个地方都须做到对格对条，以完全体现品牌对品质的要求。

（2）衣领处理。制作精良的西装的衣领一定都是靠内衬的弧度自然翻转过来而不是被固定住的，应看起来自然而优雅。

图 8-6 西装

（3）扣子材质。制作精良的西装的纽扣一定是通过动物的角质打磨而成的（少数高档西装因为设计需要也会使用贝壳扣或者金属扣），绝对不会使用塑料扣。这两种纽扣在价格上有着很大的差别。一颗塑料扣价格几毛钱甚至几分钱，而贵的角质扣一颗就要 40 ～ 50 元钱。区分方法也很简单，角质扣因为是天然材料，所以每颗扣子外形都是不一样的。

（4）袖口。制作精良的西装的袖口的扣子一定是真扣，可以解开的。这样在必要时可以解开纽扣，卷起袖子。而低档西装的纽扣大多只是在袖子上起装饰作用。

西装细节处的裁剪要求如下。

（1）袖口。制作精良的西装袖口是斜裁的。如果是平裁，当手臂抬起时会露出过多的衬衣袖口。

（2）裤脚。制作精良的西裤裤脚是前短后长的，从侧面看，也是斜着的。因为鞋子的前端比后端高，这样剪裁可保证裤子前后都能够刚好盖到鞋面。

（3）胸前口袋。制作精良的西装前胸的口袋是有一定弧度的，这样穿在人身上的时候，口袋才会平整地贴在胸前。

（4）插花孔。制作精良的西装一般在衣领上都会有一个类似于扣眼的插花孔，用来插花。但是只有顶级的西装在衣领后面，会专门缝一条线，用来别花枝以体现品牌对传统的尊重。

西装面料选择的要求如下。

一般选择纯毛或毛混纺面料，毛的混纺比不低于 60%，当化纤含量过高时，会造成面料板结、色彩死涩，缺乏流动性与活泛性的结果，同时，服装抗静电性也会不佳，服装在穿着时易吸附灰尘。冬季面料有贡呢、麦尔登呢等。春、秋两季的西装可采用中厚面料，如驼丝锦、哔叽、华达呢、啥咪呢、各类精梳花呢等面料；夏季西装一般采用凡立丁、派丽丝、哔叽及毛丝混纺、丝麻混纺等面料，要求面料质地以细腻、柔软、滑爽、挺括为宜，经、纬密度须适当高些，能够充分满足西装轻、柔、薄、挺等要求。面料与内衬等辅料须配伍适宜，面料支数较高，厚度减少，衬布克重也须相应减少，在不影响西服美观的前提下达到手感轻薄的感觉。

面料的色彩须符合时代潮流及所在地区的地域性要求，正式场合以黑色、藏蓝色、深灰色为主色调，夏季以白色、米色、浅灰色为主色调。

2．中山装

中山装是近现代中国革命先驱者孙中山先生综合西式服装与中式服装的特点，设计出的一种直翻领有袋盖的四贴袋服装，被世人称为中山装，如图 8-7 所示。

中山装穿着挺括，线条流畅，做工考究，整体典雅大方，从正面看从上到下须没有松垮感，同时又不能过紧产生拉扯的皱褶；从背面看完美勾勒出背部曲线，同时在站直时不能有皱褶；从侧面看袖子要尽量细，而且要符合手臂自然弯曲的弧度，当手臂自然下垂的时候不能有皱褶，正好露出一公分左右的衬衣。领子适宜平服，胸部饱满平挺，袖子上部圆顺、丰满；门里襟顺直平服；肩部平挺松紧适宜，袋盖贴合不反翘，下摆圆顺平服。

中山装既有西服的结构特点，又有中式服装的款式造型，是一款中西合璧的正式服装。关闭式八字形领口，装袖，前门襟正中须有五粒明纽扣，后背整块无缝。袖口可开叉钉扣，也可开假叉钉装饰扣，或不开叉不用扣。明口袋，左右上下对称，有盖，钉扣，上面两个小衣袋为平贴袋，底角呈圆弧形，袋盖中间弧形尖出，下面两个大口袋是老虎袋（边缘悬出 1.5 ～ 2 cm）。下裤有三个口袋（两个侧裤袋和一个带盖的后口袋），挽裤脚。综上所述，中山装的形在西装基本形上糅合了中国传统意识，整体廓形呈垫肩收腰，均衡对称，穿着稳重大方。

图 8-7 中山装

中山装一般采用纯毛、毛混纺面料，纯毛面料中的驼丝锦、贡缎、缎背华达呢、双面华达呢、麦尔登呢等是中山装首选面料。色彩一般以深灰色、灰色居多。

3．正装衬衫

正装衬衫一般与礼服或西服搭配，如图8-8所示。正装衬衫的衣领讲究而多变，领式按翻领前的领型区分，有小方领、中方领、短尖领、中尖领、长尖领和八字领等。其质量主要取决于领衬材质和加工工艺，以平挺不起皱、不卷角为佳。

正装衬衫面料一般选择精梳棉、丝光棉、棉涤混纺、棉丝混纺、真丝等，挑选时以轻、薄、软、爽、挺、透气性好的为宜。正装衬衫常见面料有高支纱纯棉府绸、丝光府绸、高支纱牛津纺、纯棉哔叽、各类色织衬衫布等，采用高纱支、高捻度的纱线，可以使面料挺括，布面洁净。色彩一般与西装面料相配，通常情况下须比西装颜色浅，但也有浅色西装配深色衬衫的，以形成视觉鲜明效果。

图8-8　正装衬衫

正装衬衫面料主要有如下四种。

（1）青年布。竖向用染色棉线，横向用白棉线平织的轻薄棉质衬衫衣料，衣料色彩淡而柔和，稍带光泽，最常见的是蓝色棉线与白棉线的组合。

（2）牛津布。纽扣领衬衫常用的衣料，采用平织组织织成，纹路较粗，颜色有白、蓝、粉红、黄、绿、灰等，色彩大都为淡色；质地柔软，透气，耐穿，深受年轻人的喜爱。

（3）条格平布。用染色棉线和漂白棉线织成的衬衫衣料，配色多为白与红、白与蓝、白与黑等。既可用于运动衬衫，也适宜于礼服衬衫。

（4）细平布。最常见的衬衫衣料，通常为白色，所用棉线越细，手感越柔和，高等级的精织细平布有着几近丝绸的感觉，所制衬衫多用于着礼服等盛装场合。

（二）女士正装

女士正装包括西装套裙、连衣裙或两件套裙、衬衫、围巾等。

1．西装套裙

西装面料以纯毛女衣呢、驼丝锦、纯毛哔叽等弹性好、悬垂性好、面料挺括、光泽典雅柔和的面料为主，面料过硬过软都很难体现出女士套装流畅、合体的特性。

2．连衣裙

连衣裙一般采用弹性较好的纯毛、毛混纺面料及涤纶面料，以达到起坐时不出褶皱的目的。

3．衬衫

衬衫的颜色可以是多种多样的，主要有纯棉和棉涤混纺细布、府绸等，真丝面料因其优雅的悬垂性、良好的外观，也是女士衬衫的首选面料，如图8-9所示。女士正装配衬衫一般要与正装相匹配，衬衫色彩常见有白色、米白色和浅粉色等。丝绸面料衬衫洗涤保养会贵一些，纯棉面料衬衫在洗涤后须保证熨烫平整。

图8-9　女士衬衫　　　图8-10　围巾

4．围巾

选择围巾时要注意颜色须与正装颜色相配，如图 8-10 所示。围巾选择丝绸质地为宜，其他质地的围巾打结或系起来美观度不如丝绸围巾。

二、日常装类

日常装即日常生活中穿着的服装，又称便装。其款式有春、秋季穿着的套装、休闲西装、夹克、风衣、薄绒衫、运动服、毛衫等；夏季穿着的衬衫、连衣裙、汗衫、T 恤、裙裤、西装短裤等；冬季穿着的羽绒服、裘皮大衣、棉衣、毛裤、呢大衣等。春、秋季服装面料，花色选择范围大，视当时流行而定。夏季服装面料质地须轻、薄、透气、滑爽，一般采用棉、麻、丝等天然纤维和混纺原料。

1．夹克

除西服、风衣、棉衣和衬衣以外的所有衣长较短，胸围宽松的外衣，都可以称为夹克，如图 8-11 所示。起初，夹克是农民、学徒、马夫和工人兄弟以日常使用的帆布等材料做成的工作服，至今，夹克已经演变成为风靡全球、深受男士喜爱的服装，逐渐发展成为男士非正式场合的常用服饰，具有成熟、优雅、独立、自由、冒险、简便、轻松、自然等多种风格。

夹克的面料范围很广，高档面料有羊皮、牛皮、马皮等天然皮革；毛涤混纺、毛棉混纺面料以及各种处理的高级化纤混纺或纯化纤织物。中高档面料有各种中长纤维花呢、涤棉防雨府绸、尼龙绸、TC 府绸、橡皮绸、仿羊皮等。中低档面料有粘棉混纺及纯棉等普通面料。各种款式的夹克须与其采用面料相符合，如蝙蝠夹克应采用华丽光亮的尼龙绸或 TC 府绸面料制作，再配上优质辅料和配件，女士穿着后风采翩翩。如果是猎装夹克，衣料的质量要求较高，外观须紧密平挺，质地稍厚，抗皱性能好，男士穿着后更加健美挺拔。

2．风衣

风衣是一种防风防雨的薄型大衣，又称风雨衣，如图 8-12 所示，适合春、秋、冬季外出穿着。由于造型灵活多变、美观实用、款式新颖、携带方便等特点，深受中青年男女的喜爱，老年人也爱穿着。

风衣起源于第一次世界大战时西部战场的军用大衣，被称为"战壕服"，是 Burberry 公司设计开发的款式，最早用于英国士兵。其款式特点是前襟双排扣，右肩附加裁片，开袋，配同色料的腰带、肩襻、袖襻，采用装饰线缝。战后，这种大衣曾先作为女装流行，后来有了男女之

图 8-11　夹克　　　　图 8-12　风衣

别、长短之分，并发展为束腰式、直统式、连帽式等形制，领、袖、口袋以及衣身的各种切割线条也纷繁不一，风格各异。

风衣一般要求面料结构紧密、坚实、挺括，最早的风衣采用面料是纯棉华达呢，如今，用于风衣的面料多种多样，各种涂层面料，皮革、化纤混纺面料等均可用于风衣。

3．大衣

大衣是指衣长过臀的，春、秋、冬季外出时正式穿着的防寒服装。

大衣的款式主要有单排扣和双排扣之分，衣片采用三分之一结构或者四分之一结构；领子有驳领和关领两类。

大衣的面料一般采用较为厚重的精纺呢绒，如雪花大衣呢、平厚大衣呢、立绒大衣呢、长顺毛大衣呢、驼绒大衣呢、羊绒大衣呢、拷花大衣呢及各种花式大衣呢等。皮革也是大衣常用面料。女士大除了采用上述面料外，还采用绸缎为面料加以绣花、贴花缝制等。

4．休闲裤

休闲裤是指穿起来显得比较休闲随意的裤子，如图8-13所示。休闲裤包含了一切非正式商务、政务、公务场合穿着的裤子。现实生活中主要是指以西裤为模板，在面料、板型方面比西裤随意和舒适，颜色则采用更加丰富多彩的裤子。

一般来说，休闲裤可分为以下三种。

（1）多褶型休闲裤。即在腰部前面设计有数个褶，这种裤型几乎适合所有穿着者，无论体型胖瘦。因为这些褶具有一定的"扩容性"，大腹便便的胖人穿上，褶就自然撑开，让穿着者感到不紧绷，但却显得不够利落。

（2）单褶型休闲裤。即在腰部前面对称地各设计一个褶，相比多褶型休闲裤，裤型较为流畅，并且具有一定的"扩容性"。

（3）裤型休闲裤。即腰部没有任何褶，看上去颇为平整，显得腿部修长。这种裤型胖人穿起来也很合体。

图8-13　休闲裤

（4）商务休闲裤。主要是与客户、重要客人等在娱乐、运动、餐饮场合时选择的裤子。这时候需要的是和客人之间形成轻松、愉快的氛围，为真正的商务、政务活动创造一座情感桥梁。其最终目的还是正式的商务或者公务，所以商务休闲裤的选择是非常重要的。商务休闲裤须给人庄重却不太压抑的工作感，所以，商务休闲裤既要体现休闲随和的性情，同时又要体现出对客人的尊重和重视。

休闲裤的板型必须是以西裤为模板，在口袋的装饰和开口方式方面，不能很花哨。颜色侧重于藏青、黑、深蓝色、烟灰色、深棕色等庄重色彩，或者乳白、蓝色等高雅色彩。面料上应该以棉质为主，软硬和厚薄要适中，根据流行趋势，可以适当呈现一些亮光型的。

休闲裤最常见面料有棉华达呢、棉斜纹布。如果是棉涤混纺，应注意面料的起球性，面料起球会降低服装的服用性能。

女士商务休闲裤的选择，就比较多样化了，甚至包括不是很花哨的牛仔裤在内。

5．牛仔裤

牛仔裤又称坚固呢裤，是一种男女通用的紧身便裤。前身裤片无裥，后身裤片无省，门里襟装拉链，前身裤片左右各设有一只斜袋，后身裤片有尖形贴腰的两个贴袋，袋口接缝处钉有金属铆钉并压有明线装饰。具有耐磨、耐脏，穿着贴身、舒适等特点。

牛仔裤一般采用劳动布、牛筋劳动布等靛蓝色水磨面料，可分平纹、斜纹、人字纹、交织纹、竹节、暗纹以及植绒面料等，也有用仿麂皮、灯芯绒、平绒等其他面料制成的，统称为牛仔裤。

此外，牛仔裤的面料还会采用花色牛仔布。花色牛仔布种类繁多，不同种类牛仔布由不同原料织成，下面进行详细讲述。

（1）采用小比例氨纶丝（约占纱重的3%～4%）作经纱的包芯弹力经纱或纬纱，织成弹力牛仔布。

（2）采用低比例涤纶与棉混纺作经纱，染色后产生留白效应的雪花牛仔布。

（3）采用棉麻、棉毛混纺纱织制高级牛仔布。

（4）采用中长纤维（T/R）织制牛仔布。

采用不同加工工艺织制的花色牛仔布如下。

（1）采用高捻纬纱织制的树皮绉牛仔布。

（2）在经纱染色时，先用硫化或海昌蓝等染料打底后再染靛蓝的套染牛仔布。

（3）在靛蓝色的经纱中嵌入彩色经纱的彩条牛仔布。

（4）在靛蓝色牛仔布上吊白或印花。

牛仔布根据季节，一般可分为薄型、中厚型和厚型三类。薄型布重为 200 ~ 340 g/m²，中厚型布重为 340 ~ 450 g/m²，厚型布重为 450 g/m² 以上。

6. 羽绒服

羽绒服是用鸭、鹅底绒作絮料制成的一种防寒服，保暖性能良好，是冬季常用服装之一。羽绒服具有轻、暖、软的特点。

羽绒服的絮料一般是指鸭、鹅腹部成熟的绒毛，经除尘、分毛、水洗、脱脂、消毒、防腐、提纯等一系列加工后产生的绒子、毛片、薄片等混合絮料。

羽绒服面料基本要求如下。

（1）防风透气。大部分的户外羽绒服都具有一定的防风性。透气是户外服装的统一要求，但是很多户外运动者却往往会忽视羽绒服面料透气的重要性。一件不透气的羽绒服在极端户外运动中导致的结果往往是致命的。

（2）防漏绒。增强羽绒面料的防绒性有三种方式：一是在基布上覆膜或者涂层，通过薄膜或涂层来防止漏绒，当然首要的前提是透气，并且不会影响面料的轻薄和柔软程度；二是将高密度织物通过后期处理，提高织物本身的防绒性能；三是在羽绒面料里层添加一层防绒布，防绒布的好坏将直接影响整衣的品质。

（3）轻薄柔软。在装备轻量化的今天，羽绒服面料的轻薄程度将直接影响羽绒服的整体重量，而且柔软的面料，对于本身就臃肿的羽绒服而言，会增强羽绒服穿着的舒适度；另外，轻薄柔软的面料有助于更好地发挥羽绒的蓬松度，因此保暖性也会更高。

（4）防水。主要针对在酷寒环境下直接外穿的专业型羽绒服，该种羽绒服的面料须可直接代替冲锋衣使用。专业型羽绒服里料，一般采用纯棉织物、涤棉织物和尼龙纺织物三大基本类型，面料及里料要求经、纬纱线密度高，一般应经过涂层工艺，经轧光整理、防污拒水整理。

7. 棉服

棉服的保暖性能不及羽绒服，适合初冬及气候较温暖的天气穿着，它的保暖层有绒织物或者棉、涤纶纤维等絮装填充物，便于洗涤与保养，要求采用保暖性好的棉、涤棉混纺及各种化纤面料，具有时尚性，款式变化多样。棉服面料常采用棉华达呢、棉斜纹布等。

三、运动装类

1. 运动服

运动服是指专用于体育运动竞赛的服装，通常按运动项目的特定要求设计制作，广义上还包括从事户外体育活动穿用的服装。运动服主要分为以下 9 类。

（1）田径服。运动员穿着的背心、短裤等称为田径服。一般要求背心贴体，短裤易于跨步。有时为不影响运动员双腿大跨度动作，还须在裤管两侧开衩或放出一定的宽松度。背心和短裤多采用针织物，也有用丝绸制作。

（2）球类服。通常以短裤配套头式上衣，球类服须有一定的宽松度。篮球运动员一般穿着背心，其他球类运动员则多穿短袖上衣。例如，足球运动衣习惯采用 V 字领；排球、乒乓球、橄榄球、羽毛球、网球等运动衣则采用装领，并在衣袖裤管外侧加蓝、红等彩条斜线。网球运动衣以白色为主，女子则穿超短连裙装。

（3）水上服。主要分为三类。一是从事游泳、跳水、水球、滑水板、冲浪、潜泳等运动时主要穿着的紧身游泳衣，又称泳装。男子穿三角短裤，女子穿连衣泳装或比基尼泳装。对游泳衣的基本要求是运动员在水下动作时不鼓涨兜水，减少水中阻力，因此宜用密度高、伸缩性好、布面光滑的弹力锦纶、腈纶等化纤类针织物制作，并佩戴塑料、橡胶类紧合兜帽式游泳帽。二是潜泳运动员除穿着的游泳衣外，佩戴的面罩、潜水眼镜、呼吸管、脚蹼等。三是从事划船运动时，主要穿用的短裤、背心，以方便划动船桨。冬季采用毛质有袖针织上衣。摩托艇运动速度快，运动员除穿用一般针织运动服外，往往还配穿透气性好的多孔橡胶服、涂胶雨衣及气袋式救生衣等。衣服颜色宜选用与海水对比鲜明的红、黄色，便于在比赛中出现事故时被发现。轻量级赛艇为防翻船，运动员还需穿用吸水性好的毛质背心，吸水后重量约为 3 kg。

（4）举重服。举重比赛时运动员多穿着厚实坚固的紧身针织背心或短袖上衣，配以背带短裤，腰束宽皮带，皮带宽度不宜超过 12 cm。

（5）摔跤服。摔跤服因摔跤项目而异。如蒙古式摔跤穿用皮制无袖短上衣，又称"褡裢"，不系襟，束腰带，下着长裤，或配护膝。柔道、空手道穿用传统中式白色斜襟衫，下着长至膝下的大口裤，系腰带。日本等国家还以腰带颜色区别柔道段位等级。相扑习惯上赤裸全身，胯下只系一窄布条兜裆，束腰带。

（6）体操服。体操服在保证运动员技术发挥自如的前提下，要显示人体及其动作的优美。男子一般穿通体白色的长裤配背心，裤管的前折缝笔直，并在裤管口装松紧带，也可穿连袜裤。女子穿针织紧身衣或连袜衣，并选用伸缩性能好、颜色鲜艳、有光泽的织物制作。

（7）冰上服。滑冰、滑雪的运动服主要要求保暖性好，并尽可能贴身合体，以减少空气阻力，适合快速运动。一般采用较厚实的羊毛或其他混纺毛纤维针织服，头戴针织兜帽。花样滑冰等比赛项目，更讲究运动服的款式和色彩。男子多穿紧身、潇洒的简便礼服；女子穿超短连衣裙及长筒袜。

（8）登山服。竞技登山一般采用柔软耐磨的毛织紧身衣裤，袖口、裤管宜装松紧带，脚穿有凸齿纹的胶底岩石鞋。探险性登山需穿用保温性能好的羽绒服，并配用羽绒帽、袜、手套等。衣料采用鲜艳的红、蓝等深色，易吸热和在冰雪中被识别。此外，探险性登山也可穿用腈纶制成的连帽式风雪衣，帽口、袖口和裤脚都可调节松紧，以防水、防风、保暖和保护内层衣服。

（9）击剑服。击剑服首先注重护体，其次需轻便。由白色击剑上衣、护面、手套、裤、长筒袜、鞋配套组成。上衣一般用厚棉垫、皮革、硬塑料和金属制成保护层，用以保护肩、胸、后背、腹部和身体右侧。一般击剑比赛的上衣，外层用金属丝缠绕并通电，一旦被剑刺中，电动裁判器即会亮灯；里层用锦纶织物绝缘，以防出汗导电；护面为面罩型，用高强度金属丝网制成，两耳垫软垫；下裤一般长及膝下几厘米，再套穿长筒袜，裹没裤管。击剑服应尽量缩小体积，以减少被击中的机会。

2．户外服

（1）冲锋衣。适用于休闲运动、周末郊游、中长距离的远足和登山，以及专业的探险、攀冰。攀登七八千米的雪山，冲锋衣是必备之选。冲锋衣应具备以下几个条件：首先，结构上符合登山的要求，登山往往是在恶劣的环境下开展各种活动，包括负重行走、技术攀登等，冲锋衣的结构要能满足这些活动的要求；其次，制作材料上需符合登山的要求，由于登山运动所处的特殊环境及登山运动的需要，冲锋衣的材料必须能实现防风、防水、透气等要求。冲锋衣的面料一般采用尼龙加防水涂层，里衬采用的也是透气材料，加强导汗性与保暖性。此外，轻型冲锋衣采用网状纤维，不粘身。

（2）速干衣。速干衣即是干的速度比较快的衣服，与毛质或棉质的衣物相比，在外界条件相同的情况下，更容易将水分挥发出去，干得更快。它并不是把汗水吸收，而是将汗水迅速地转移到衣服的表面，通过空气流通将汗水蒸发，从而达到速干的目的，一般的速干衣的干燥速度比棉织物要快50%。速干衣的材料具有快速导湿功能，可以让汗液以最快的速度从体表传导到服装表面而挥发，从而保持体表干爽舒适。

用于运动服的面料主要有以下几种。

1. Refreshing 运动织物

具有吸汗快干或吸湿排汗特性的运动衣，皆可称为"Refreshing 运动织物"。该种运动织物可提供给竞赛者舒适的感觉，使之在运动场上能够创造佳绩。此类运动织物设计的理念来自树木的毛细现象，如多层聚酯针织物 Fieldsensor，其内层为粗丹尼聚酯纱，与皮肤直接接触，外层为疏水性细丹尼聚酯纱，表面致密的构造能够加速运动服的排汗效果。

2. 透湿防水织物

透湿防水织物设计理念，是阻绝大雨滴、雾气及雪的渗入，而人体排出的汗气则可顺利排出，除达到优越的防水性能外，穿者不会产生闷热的感觉，如众所周知的由 CF 贴合的 Goretex 织物，非常适合高山攀岩及水上活动。Toray 的 Entrant 是经 PU 树脂涂布的透湿防水物，从织物内层表面排出过量的湿气，目前在日本年产量达 130 万米。Toray 的另一种非涂布高密度织物 HZOFF，是聚酯超细丹尼空气交络纺制的纱，其结构具有高度的透湿性。

Toray 最近研发的 EntrantG-II，是由不同密度的双层 PU 蜂巢式薄膜所组成，其透湿度达 8 000 g/m^2·D^{-1}，阻隔雨滴的大小从 100 ~ 500 μL（从毛毛细雨到倾盆大雨）。目前研发的 Dermizax，为无孔质 PU 树脂涂布于聚酯梭织物上制造的，透湿度可达 5 500 g/m^2·D^{-1}。另外，多孔质树脂可以使织物在高温时排出湿气，低温时有保暖效果，同时保持织物适度的湿气。

3. 保暖性织物

保暖性织物吸收阳光能源，将其转换成热量，保存于织物里，达到保暖的效果。此类产品已由 Unitika 开发完成，称为 Solor-a，在聚酯纤维芯的部分加入碳化锆，使织物有保暖的效果。Toray 的 Megacron 由太阳能吸收体来吸收太阳的能源，是由一层金属氧化物及充满锆氧化物的纤维所制成的织物，经太阳照射吸收热量后，将红外线热能释放，提高温度，来达到保暖效果。另一产品 Querbinthermo，织物表层具有变色性，反面为陶瓷层，光线照射后，当温度高于正常温度时，表层会呈现白色，当温度较低时，颜色转变成黑色。

4. 低阻抗力的运动织物

在游泳及滑雪跳跃竞赛项目中，由于竞争激烈，往往差距在 0.01 秒，所以为了此类运动选手的需求，低阻抗力的织物应运而生，以游泳衣而言，有耐隆超细丹尼纱与弹性纱混纺而成的高针数（32 G）双面经编织物，如 Toray 的 Acquapin 织物，能够降低水中摩擦阻力 10%。另一产品 Acquaspec，功能性更佳，能够减少阻力达 15%，由聚酯超细丹尼经表面整理加工而成。其他如 Descente 公司利用有波纹的加工丝在织物表面形成很细的沟槽，达到降低水中摩擦阻力的功能，同样的设计理念用于空气流动，以减少滑雪跳跃选手在空中的阻力。Dimplex 织物由 Descente 与 Eschler 公司共同合作开发，以波纹加工丝在滑雪跳跃织物的表面形成凸状，使选手在起跑、起飞及空中飞行的阶段中，均能将空气的阻力降至最低。

5. 超高强力织物

运动者在竞赛中经常有激烈粗暴的动作，如快速滑倒、碰撞、擦撞等。Dynamonus 织物是高强力聚酯纤维短纤纱与 5% ~ 15%P- 芳香族聚酰胺纤维（高强力纤维）混纺而成，具优越的耐热熔性，能抗摩擦、抗擦撞及登山时防止被岩石锐角所割破。

四、礼服类

礼服是指在某些重大场合参与者所穿着的庄重而且正式的服装。

1．女士礼服

（1）晚礼服。是在晚间正式聚会、仪式、典礼上穿着的礼仪用服装，如图 8-14 所示。裙长及脚背，面料追求飘逸、垂感好，颜色以黑色最为隆重。晚礼服风格各异，西式长礼服注重呈现女性风韵；中式晚礼服则高贵典雅，塑造特有的东方风韵。还有中西合璧的时尚新款。与晚礼服搭配的服饰适宜选择典雅华贵、夸张的造型，凸显女性特点。

（2）小礼服。小礼服是在晚间或日间的鸡尾酒会等正式聚会、仪式、典礼上穿着的礼仪用服装，如图 8-15 所示。裙长在膝盖上下 5 cm，适宜年轻女性穿着。

（3）裙套装礼服。是职业女性在职业场合出席庆典、仪式时穿着的礼仪用服装。裙套装礼服显现的是优雅、端庄、干练的职业女性风采，与短裙套装礼服搭配的服饰体现的是含蓄、庄重。

图 8-14　晚礼服　　　　　　　图 8-15　小礼服

女士礼服常用面料如下所述。

丝绸或丝质感的面料是礼服常用面料，可加刺绣、花边等，如素缎、平绒、丝绒、塔夫绸、锦缎、绉纱、欧根纱、蕾丝等闪光、飘逸、高贵、华丽的面料。色彩倾向高雅、豪华，如印度红、酒红、宝石绿、玫瑰紫、黑、白等色最为常用，配合金银及丰富的闪光色更能加强豪华、高贵的美感。再配以相应的花纹以及各种珍珠、光片、刺绣、镶嵌宝石、人工钻石等装饰，充分体现晚礼服的雍容与奢华。

随着科学技术的不断进步，晚礼服所选用的面料品种更加广泛，如具有良好悬垂性能的棉丝混纺、丝毛混纺面料，化纤绸缎，锦纶，新型的雪纺、乔其纱，有皱褶、有弹力的莱卡面料等，此外还有高纯度的精纺面料，如羊绒、马海毛等。

2．男士礼服

男士礼服是正式场合行的装束，如国家级的就职典礼、授勋仪式，大型古典音乐会等，如图 8-16 所示。男士礼服常见款式有燕尾服、塔士多礼服、柴斯特外套和波鲁外套。

（1）鸡尾酒服。适合很多不是过分正式的场合，如私人聚会或是私人派对等，着装要求不用过于严谨正式，更能凸显穿着者个人品位、优雅和趣味，如图 8-17 所示。

图 8-16　Tuxedo 礼服

（2）室外礼服。在寒冷的冬季，穿着室外礼服，可以避免身穿单薄的男士不被冻僵，同时做工精良考究的礼服大衣也会凸显穿着者的气宇轩昂、气质非凡。室外礼服最常见的有两种，分别是柴斯特外套和波鲁外套。一般为一粒扣或者暗扣设计，领子和大衣面料不同，一般采用天鹅绒、罗缎或者皮草材质，长度及膝，如图8-18所示。

图 8-17　鸡尾酒服　　　　　　　　　　　　图 8-18　室外礼服

男士礼服面料选择如下。

男士礼服面料一般以毛呢面料为主，如驼丝锦、哔叽、华达呢、贡呢、麦尔登呢、海军呢等，色彩一般以黑色、藏蓝色为主；大衣面料一般采用各类大衣呢，以烟灰色、驼色比较常见。

3. 婚礼服

婚礼服指的是新郎新娘举行婚礼时穿着的服装。许多民族的婚礼服饰都有着一些世代流传下来的特殊讲究。日本新郎穿传统民族服装纹付羽织袴，新娘穿白无垢。朝鲜人举办婚礼时要"结两次婚"，也就是说要举行两次仪式方能成为正式的夫妻，而且第一次是男方家"嫁"儿，女方家迎婿。在这一天，新郎要头戴纱帽，身穿礼服，脚穿白袜；新娘头挽"大发"，上戴"簇头里"，发钗上悬垂两条宽"发带"，垂于前胸两侧，穿淡绿色上装，下穿红色长裙，外披长衣，脚穿白袜和勾勾鞋。西洋婚礼服，新郎穿西装，新娘穿裙装。新娘裙装通常为高腰式连衣裙，裙后摆长拖及地。裙装面料多采用缎子、棱纹绸等。新娘配用露指手套，手握花束，头戴花冠，花冠附有头纱、面纱。新郎公认的要穿着的婚礼服装大致分为四种，即军礼服、燕尾服、晨礼服、便礼服。

中式婚礼服，最能体现出中国的传统文化，极受新婚人士的喜爱。龙凤呈祥、锦绣红烛、牡丹、水墨等传统元素是中式婚礼服的典型花色，穿上中国特有的锦绣华裳、绫罗绸缎，既展现东方独有的韵味，又能演绎传统婚俗的内涵。

（1）凤冠霞帔。明朝庶民女子出嫁时可享属于命妇衣装凤冠霞帔的殊荣，如同庶人男子迎亲可着九品官服一样。真红对襟大袖衫＋凤冠霞帔式样，是目前国人心中理解的华夏婚礼服饰，而且根深蒂固。新郎要穿状元服。

①凤冠。根据《大明会典》记载：常服，凤冠：双凤翊龙冠，以皂縠为之。附以翠博山。上饰金龙一、翊以二珠翠凤，皆口衔珠滴。前后珠牡丹花、蕊头、翠叶、珠翠镶花鬓、珠翠云等。三博鬓（左右共六扇）。有金龙二各衔珠结挑排。

②霞帔。是宫廷命妇的着装，平民女子只有出嫁时才可以着——按照华夏礼仪，大礼可摄胜，就是祭礼、婚礼等场合可向上越级，不算僭越。命妇的霞帔在用色和图案纹饰上都有规定。品级的差别主要表现在纹饰上，一、二品命妇霞帔为蹙金绣云霞翟纹（翟即长尾山雉）；三、四品为金绣云霞孔雀纹；五品绣云霞鸳鸯纹；六、七品绣云霞练鹊纹；八、九品绣缠枝花纹。

（2）龙凤褂。面料一般采用真丝软缎，裙褂上绣以龙凤为主的图案，以"福"字、"喜"字、牡丹花、鸳鸯、蝠鼠、石榴等寓意吉祥、百年好合的图案点缀。红色与金色的搭配，大气而显富贵，如图 8-20 所示。

新娘若穿龙凤褂，新郎就应穿着中山装改良而成的上衣，相近的暗花和刺绣，和新娘的裙褂"天生一对"。

图 8-19　西式婚纱

图 8-20　龙凤褂

（3）改良版旗袍。中西结合，精致、典雅，在尊重传统的基础上，融入了新时代的气息，更加凸显女生凹凸有致的身材曲线，极具视觉美感，如图 8-21 所示。改良版旗袍面料尽量不用人造丝和纯涤，这样的面料非常容易起静电。春、夏、秋季节选用轻薄的料子，比如真丝软缎，冬季选用织锦缎，这种面料可以衬托婚礼的豪华。

婚礼服的面料多选择细腻精致的绸缎、厚锻、亮锻、轻薄透明的绉纱、欧根纱、绢、蕾丝，或采用有支撑力、易于造型的化纤缎、塔夫绸、山东绸、织锦缎等。工艺装饰采用刺绣、抽纱、雕绣镂空、拼贴、镶嵌等手法，使婚纱生产层次及雕塑效果更好。

对于纱系列的婚纱，一般以四层纱为宜，因为层数太少将会使婚纱看上去干瘪、没精打采，不够挺实、蓬松，根本无法体现纱质面料轻盈、浪漫、充满幻想的感觉。

若是缎系列的产品，一般一层厚锻加一层内衬即可以达到很好的效果。要是再加上较好的裙撑，则会更加完美靓丽。适当的珠绣、蕾丝、蝴蝶结、丝带也是婚纱必不可少的点睛之笔，简约而不简单。

丝绸面料典雅高贵，穿着舒适，但丝绸没有纯白色的效果，因为丝绸总带有一点乳黄色外观。

合成纤维面料价格适中，耐穿又不易起皱，有光泽，价格相对便宜。

图 8-21　改良版旗袍

五、童装类

童装是指未成年人的服装，包括婴儿、幼儿、学龄儿童以及少年儿童等各年龄阶段儿童的服装。由于儿童的心理不成熟，好奇心强且没有行为控制能力或者行为控制能力弱，而且儿童的身体发育较快，变化大，所以童装设计比成年服装更强调装饰性、安全性、舒适性和功能性。

1. 婴儿服装

（1）婴儿服装的特点及要求。婴儿皮肤非常娇嫩，所以选择的面料要柔软、舒适。从生理特点上来看，婴儿比较爱出汗，排便功能并不健全，且对外界气温适应较慢，所以婴儿的爬爬服、连身衣、睡衣这类贴身衣物的面料不但要求能快速吸汗，还要耐洗涤、保热性高，如图 8-22 所示。

婴儿服装面料选择要注意面料安全性，尤其是对甲醛含量、重金属残留及色牢度有严格要求。2005 年国家就开始全面实施强制性标准 GB 18401—2003《国家产品基本安全技术规范》（现已作废，被 GB 18401—2010《国家纺织产品基本安全技术规范》代替），该规范对服装的色牢度、甲醛含量、偶氮染料、气味、pH 值等五项健康安全指标作出了详细规定。新生产的符合规范的服装，要带有规范标识，即将服饰纺织品分为 A、B、C 三类，其中 A 类为婴幼儿用品，其甲醛含量不得大于 10 mg/kg；B 类为直接接触皮肤类的产品，其甲醛含量不得大于 75 mg/kg；C 类为非直接接触皮肤的产品，其甲醛含量不得大

图 8-22　婴儿服装

于 300 mg/kg。染色牢度差的服装遇到水、汗渍或唾液时，颜料容易脱落褪色，颜料中的染料分子和重金属离子可能会被皮肤吸收，危害婴幼儿健康。因此，婴幼儿服装的色彩应尽量简单，浅色、少

印花图案，最好是白色、无印花图案。一些婴幼儿服装的印花色彩鲜艳，而且有的是以涂料为主的染色和印花图案，如果控制不当，这些染色和图案可能存在着甲醛、可分解芳香胺等有害物质，穿着中会对呼吸道和皮肤造成伤害，损害婴幼儿身体健康。

（2）婴儿服装面料的选择。由于婴儿皮肤娇嫩，因此婴儿服装的面料要求柔软、舒适，以全棉织品中的绒布最为适宜。绒布手感柔软、保暖性强、无刺激性。另外，婴儿装也可以选用 30 s×40 s 细布或 40 s×40 s 纱府绸，其布面细密、柔软。纱线一般经过碱缩处理，面料的密度较疏松，手感柔软。

2．幼儿服装

幼儿好动，因此幼儿服装穿在身上应舒适和便于活动。面料可选择全棉织品中的 30 s×40 s 细布、40 s×40 s 纱府绸、泡泡纱、斜纹布、卡其布、中长花呢等，也可以选用化纤织品，如涤棉细布、涤棉巴厘纱等。秋、冬季幼儿装要求耐脏、易洗，可选用平绒、灯芯绒、卡其、各色花呢等。

3．学龄儿童以及少年儿童服装

这个年龄段的儿童活泼好动，因此，在服装面料选择上既要活泼生动又要朴素大方，在质地上要求经济实惠。涤棉细布、色织涤棉细布、中长花呢、涤卡、灯芯绒、劳动布、坚固呢、涤纶、哔叽及针织四维弹面料等都适宜制作学生服。

（1）没有经过有氧漂白处理和防霉防燃整理的服装比较健康。

（2）服装不应有霉味、汽油味及有毒的气味。

（3）服装不得使用可分解的有毒芳香胺染料、可致癌的染料和可能引起过敏染的染料。

（4）服装中的甲醛、可提取的重金属含量、浸出液 pH 值、色牢度及杀虫剂的残留量都应符合国家环保标准。一般来说，在为儿童挑选衣服时，尤其是具有成人风格的衣服时，不仅要关注面料、款式、颜色等方面，还要考虑儿童的生长发育特点，尽量挑选一些健康的衣服。

六、内衣类

内衣是指贴身或近身服装，一般不显露在外，但夏天部分内衣与外衣合一穿着。内衣具有保暖、吸汗、防污、穿着舒适、柔软等特点。部分内衣还有美观、塑身、保健、装饰及作为衬的功能。内衣具体包括以下种类。

1．背心

背心是指无袖、挖肩的汗衫。男式背心肩带宽，女士背心有吊带式、宽肩式。面料一般采用平纹组织或罗纹组织的针织物制成。纤维材料一般采用纯棉、棉涤混纺、莫代尔、真丝、大豆纤维、牛奶纤维等。

2．文胸

文胸是用于塑型与修正女性乳房位置、保护乳头、防止乳房下垂和摆动、美化女性形体曲线的服装。文胸材料以棉、丝绸、牛奶丝、锦纶及其他合成纤维为主。随着科技的发展，新材料不断涌现，用于文胸的材料也在不断更新。

3．束腰、束腹、束身衣

束腰、束腹、束身衣都是具有弹性的、有收缩功能的内衣，面料一般以化纤为主，弹力网眼经编针织物是束身衣的主要材料。

4．三角裤

三角裤由吸湿透气又有弹性的纯棉纱编织的纬平针织物或双罗纹针织物制成，裤口一般加弹力花边。目前市场上三角裤的材料五花八门，莫代尔、牛奶丝、大豆纤维、竹炭纤维等一批新材料大量应用于三角裤，锦纶面料、各类弹性网眼面料、蕾丝等也多用于三角裤。

5. 衬裤、棉毛衫裤、打底裤

衬裤、棉毛衫裤、打底裤的面料一般采用纯棉、棉涤混纺、锦纶等。

6. 睡衣

睡衣是指睡觉时穿着的服装，兼作室内便衣，包括睡衣、睡袍、睡裙及睡裤，宽松舒适，肤感柔软，穿脱方便。面料一般采用柔软、吸湿透气性好的全棉织物、丝绸、人造棉等。

服装款式不断更新，新材料不断涌现，在服装设计过程中，对面料的选择没有定论，设计师个人偏好及设计风格，常会推陈出新，对面料的选择不一定遵循这些例子，但最基本的前提是，每一位设计师都是在了解面料基本性能的基础上进行变化与设计，因此面料的基础知识才是重中之重，要想成为一位合格的服装设计人员，必须掌握面料的基本性能。

思考与训练

1. 选择童装面料时须考虑哪些因素？
2. 服装设计过程中，面料选择的依据与规则是什么？请举例说明。

参考文献

［1］姚穆，周锦芳，黄淑珍，等. 纺织材料学［M］. 北京：中国纺织出版社，1980.

［2］周璐瑛，王越平. 现代服装材料学［M］. 2版. 北京：中国纺织出版社，2011.

［3］王戈，王越平，程海涛，等. 竹纤维性能及其纺织加工应用［M］. 北京：中国纺织出版社，2017.

［4］王㐨. 染缬集［M］. 北京：北京燕山出版社，2014.

［5］沈从文. 中国古代服饰研究［M］. 上海：上海书店出版社，2011.

［6］朱松文，刘静伟. 纺织材料学［M］. 4版. 北京：中国纺织出版社，2010.

［7］吕航. 服装材料与应用［M］. 2版. 北京：高等教育出版社，2012.

［8］缪秋菊，刘国联. 服装面料构成及应用［M］. 2版. 上海：东华大学出版社，2016.

［9］李丹月. 服装材料与设计应用［M］. 北京：化学工业出版社，2018.

［10］汪秀琛. 服装材料基础与应用［M］. 北京：中国轻工业出版社，2012.

［11］倪红. 服装材料学［M］. 北京：中国纺织出版社，2017.

［12］邢声远，郭凤芝. 服装面料与辅料手册［M］. 北京：化学工业出版社，2008.

［13］濮微. 服装面料与辅料［M］. 2版. 北京：中国纺织出版社，2015.

［14］张怀珠，袁观洛，王利君. 新编服装材料学［M］. 4版. 上海：东华大学出版社，2017.

［15］陈娟芬，闵悦. 服装材料与应用［M］. 北京：北京理工大学出版社，2010.

［16］戴继光. 机织学［M］. 北京：纺织工业出版社，1997.

［17］上海市纺织工业局. 纺织品大全［M］. 北京：纺织工业出版社，1992.

［18］中国纺织信息中心. 纺织导报［N］. 北京：纺织导报编辑部.